中国科学技术协会"翱翔之翼"大学生科技志愿服务项目
重庆市科学技术协会重庆市基层科普行动计划实施项目
重庆市沙坪坝区科学技术协会科普项目

母婴健康知识必读

主　编　肖　湘（重庆医药高等专科学校）

　　　　　朱　明（重庆市长寿区妇幼保健院）

副主编　刘　峰（重庆医药高等专科学校）

　　　　　吴　夏（重庆医药高等专科学校）

　　　　　冉丹丹（重庆市沙坪坝区陈家桥医院）

　　　　　蒋结梅（重庆医药高等专科学校附属第一医院）

　　　　　刘华庆［重庆医科大学附属第三医院（捷尔医院）］

U0169491

全国百佳图书出版单位
中国中医药出版社
·北　京·

图书在版编目（CIP）数据

母婴健康知识必读/肖湘，朱明主编.—北京：中国
中医药出版社，2023.10
ISBN 978-7-5132-8103-4

Ⅰ.①母… Ⅱ.①肖… ②朱… Ⅲ.①孕妇-妇幼保
健-基本知识②婴幼儿-哺育-基本知识 Ⅳ.①R715.3
②TS976.31

中国国家版本馆 CIP 数据核字（2023）第 057998 号

融合出版说明

本书为融合出版物，微信扫描右侧二维码，关注"悦医
家中医书院"微信公众号，即可访问相关数字化资源和
服务。

中国中医药出版社出版

北京经济技术开发区科创十三街 31 号院二区 8 号楼
邮政编码 100176
传真 010-64405721
山东华立印务有限公司印刷
各地新华书店经销

开本 880×1230 1/32 印张 7.25 字数 193 千字
2023 年 10 月第 1 版 2023 年 10 月第 1 次印刷
书号 ISBN 978-7-5132-8103-4

定价 56.00 元
网址 www.cptcm.com

服务热线 010-64405510
购书热线 010-89535836
维权打假 010-64405753

微信服务号 zgzyycbs
微商城网址 https://kdt.im/LIdUGr
官方微博 http://e.weibo.com/cptcm
天猫旗舰店网址 https://zgzyycbs.tmall.com

如有印装质量问题请与本社出版部联系（010-64405510）

《母婴健康知识必读》编委会

主　编　肖　湘（重庆医药高等专科学校）
　　　　　朱　明（重庆市长寿区妇幼保健院）

副主编　刘　峰（重庆医药高等专科学校）
　　　　　吴　夏（重庆医药高等专科学校）
　　　　　冉丹丹（重庆市沙坪坝区陈家桥医院）
　　　　　蒋结梅（重庆医药高等专科学校附属第一医院）
　　　　　刘华庆［重庆医科大学附属第三医院（捷尔医院）］

编　委（以姓氏笔画为序）
　　　　　文　皓（重庆市长寿区妇幼保健院）
　　　　　邓　宇（重庆医药高等专科学校）
　　　　　石友兰（重庆市沙坪坝区陈家桥医院）
　　　　　朱耀凤（重庆市长寿区妇幼保健院）
　　　　　刘　学（重庆市沙坪坝区陈家桥医院）
　　　　　刘治会（重庆医药高等专科学校附属第一医院）
　　　　　刘婷婷（重庆市沙坪坝区陈家桥医院）
　　　　　李　柯（重庆医药高等专科学校）
　　　　　李莹霭（重庆市长寿区妇幼保健院）
　　　　　汪海骁（重庆医药高等专科学校）
　　　　　张　琴（重庆医药高等专科学校）
　　　　　张旭阳（重庆沐家康养生保健有限责任公司）
　　　　　易凌荣（重庆医药高等专科学校）
　　　　　秦冬梅（重庆市沙坪坝区陈家桥医院）
　　　　　翁　粲（重庆医药高等专科学校）
　　　　　彭　婧（重庆五一职业技术学院）
　　　　　程元辉（重庆医药高等专科学校）
　　　　　曾小飞（重庆医药高等专科学校）

前 言

欢迎您翻开这本《母婴健康知识必读》，如您所见，这本书主要讲的是妈妈和宝宝的故事。从 2016 年 1 月 1 日我国全面放开二孩政策，再到 2021 年 5 月 31 日全面三孩政策落地，这几年到处可见关于人口问题的新闻。生育孩子这件事，宏观上关系到人口战略，现在正备受全国甚至全世界的关注。国家对生育的数量及质量提出了美好的愿景，我们正是怀着这美好的愿景写下了这本书，希望帮助您平稳愉快地渡过孕产期，也能够更科学地养育宝宝。有了良好的应对策略及放松、愉悦的体验，希望二胎甚至三胎的队伍越来越强大。

中国人都说"生老病死"，生是排在第一位的。对人类文明的繁衍来说，生育是一件重要的事情，作为一个人，我们把这件事搞清楚，不是一道选做题而是一道必答题。

本书两位主编分别来自医药类高校及妇幼保健院，同时也是临床经验丰富的医生，从医十几年，门诊和手术都参与。参与本书编写工作的人员要么是来自临床一线的医务工作者，要么是来自高校的教师及科研人员，他们的专业涉及妇产科学、儿科学、营养科学、康复医学、心理学、药学等，专业知识相当丰富。因此，关于生育孩子这件事，我们有信心给您提供足够且靠谱的知识服务。

本书内容是按生育的先后顺序编排的，方便您在每个阶段阅读，建议您提前阅读一个阶段，这样就能利用"切问近思"的原则，更好地掌握并运用科学知识。本书的主要内容包括整个备孕期、孕期、产前、产时、产后及新生儿期的各种问题及解决方案。

每个篇章配有图表及专业的数字化资源，让您能够全面地了解相关知识。

从医学角度来说，生育孩子就是产科及儿科专业的问题，说的都是育龄期女性及婴幼儿的问题，其实跟每个人都有关系，因为孕妇既是准妈妈，也是妻子，更是女儿、儿媳，所以这本书适合所有的人。您值得花一两天时间来了解一下这本书，了解一下关于生育孩子这件事。

本书的编写工作同时获得国家级、市级、区级三个科普项目的资助，全体编委会成员在编写过程中集思广益、认真负责，保证了您读到的是一本具有权威性的母婴健康科普知识读物，请您放心阅读！

肖湘　朱明

2023 年 2 月于重庆

目 录

第一篇 孕前健康促进

一、健康状况

(一) 宝宝的诞生

下次月经来潮前的 14 天左右，女性进入了排卵期，在多种性激素的共同作用下，卵子从卵巢排出，被输卵管伞拾起后，来到输卵管，等待精子的到来。当上亿的精子进入到女性体内后，它们将穿过阴道、宫颈管、子宫，最后历经千辛万苦到达输卵管壶腹部。其中那个活力最好的精子将作为优胜者最终获得与卵子结合的机会，而其他的精子将会被淘汰。携带男性 23 条染色体的精子与携带女性 23 条染色体的卵子结合就形成了含有 23 对染色体的受精卵，它就是我们未来的宝宝，携带着人类亿万年进化的神奇的基因密码准备来到我们的世界。接着，有丝分裂使受精卵一变二，二变四，四变八……并且借助输卵管的蠕动及纤毛摆动，来到子宫，变成晚期囊胚。晚期囊胚就像一颗种子，子宫就像一片土壤，在受精后的 6~7 天，这颗"种子"埋入"土壤"（着床）并开始茁壮成长，从月经来潮的第 1 天开始计算，大约经过 40 周的孕育，最终成为降临人间的"天使"。所以一个正常宝宝的诞生需要有正常的精子和卵子，同时精子和卵子能够相遇并结合，最后受精卵能够到达宫腔、着床于子宫并正常生长发育。

(二) 孕前可能导致不孕的因素

以上的任何一个环节出现问题，都可能导致不孕。未来的准爸爸们、准妈妈们在孕前应该注意有无以下情况。

1. 未来准妈妈应注意的问题

（1）外阴阴道因素：①发育异常，如先天性无阴道；②滴虫性阴道炎。

（2）宫颈因素：①宫颈松弛；②宫颈黏液过少过稠。

（3）子宫因素：①子宫黏膜下肌瘤、子宫腺肌病、子宫内膜息肉；②发育异常，如先天性无子宫、双角子宫、纵隔子宫等；③子宫内膜异位症；④子宫萎缩；⑤宫腔粘连。

（4）输卵管因素：输卵管病变、盆腔粘连（盆腔炎症或手术等所致）、盆腔炎症及其后遗症等所致的输卵管梗阻、粘连、积水或功能受损，影响输卵管拾卵、受精或受精卵的输送。目前临床首选通过做子宫输卵管造影了解输卵管通畅情况。

（5）排卵障碍：引起女性排卵障碍的原因较多，主要有：①下丘脑因素：如精神过度紧张、过度节食减肥等；②垂体病变：如高催乳素血症等；③卵巢病变：如多囊卵巢综合征、先天性卵巢发育不良、早发性卵巢功能不全等；④其他：肾上腺增生及甲状腺功能低下或亢进。未来的准妈妈可通过排卵监测评估有无排卵障碍。

2. 未来的准爸爸应注意的问题

（1）精液异常：表现为无精、少精、精子形态异常或活力不足等。未来的准爸爸可通过精液常规了解精子情况。

（2）性功能障碍：阳痿、早泄、不射精或逆行射精等。

（3）免疫因素：如抗精子抗体阻碍精子与卵子的结合，目前并无明确诊断标准。

3. 不明原因 男女双方经详细检查仍未找到不孕原因。

（三）孕前可能导致孕期流产的因素

孕前的一些不良因素也可以导致流产，常见的不良因素如下：

1. 染色体异常 ①夫妇至少一方存在染色体异常；②胚胎染色体异常，这是导致早期流产最常见的原因之一。

2. 解剖因素 ①先天性：如纵隔子宫、双角子宫、单角子宫等；②获得性：如宫颈功能不全、宫腔粘连、子宫肌瘤等，宫颈功能不全是晚期流产的主要原因，它与反复多次人流有密切关系。

> **科普小知识：人工流产术对女性的影响**
>
> 　　人工流产术不仅可导致术中和术后出现人工流产综合反应、子宫穿孔、出血、感染等并发症，还会对女性产生远期影响，包括宫颈及宫腔粘连导致经量减少甚至闭经，盆腔炎及盆腔炎后遗症，继发性不孕，宫颈功能不全导致流产、早产等。所以夫妻双方如果没有受孕计划，应合理避孕，避免行人工流产术，以免影响将来备孕。

　　3. 内分泌因素　　包括黄体功能不全、多囊卵巢综合征、高催乳素血症、甲状腺功能或糖代谢异常。黄体功能不全是导致早期流产的主要原因。

　　4. 免疫异常　　①自身免疫因素：如抗磷脂综合征、系统性红斑狼疮、干燥综合征、类风湿关节炎等；②同种免疫因素：如封闭抗体缺乏。

　　5. 易栓症　　①遗传性易栓症：如抗凝蛋白缺乏、凝血因子缺乏等；②获得性易栓症：如抗磷脂综合征、肾病综合征等。

　　6. 感染　　如支原体、衣原体、细菌性阴道病等，可导致胎膜早破，引起流产或早产。

　　7. 男性因素　　如精子质量差、精子 DNA 完整性损伤等。

　　8. 其他因素　　如长期接触有毒、有害物质（如放射线和砷、铅、甲醛、苯、氯丁二烯、氧化乙烯等化学物质），不良生活习惯（如过量吸烟、酗酒、饮咖啡、吸毒等）及环境因素，紧张、焦虑等不良情绪等。

（四）孕前可能导致出生缺陷的因素

　　孕前存在以下问题时，应进行遗传咨询。

　　1. 夫妻至少一方家庭成员中有遗传病、出生缺陷、不明原因的癫痫、智力低下、肿瘤及其他与遗传因素密切相关的患者。

2. 曾生育过有明确遗传病或出生缺陷儿的夫妇。

3. 夫妻至少一方本身患智力低下或出生缺陷。

4. 有不明原因的反复流产或有死胎、死产等病史的夫妇。

5. 孕前患有某些慢性病的孕妇，如糖尿病、TORCH 综合征、甲状腺功能减退等。

6. 婚后多年不育的夫妇。

7. 35 岁以上的高龄孕妇。

8. 近亲婚配。

为了孕育出一个健康的宝宝，未来的准爸爸、准妈妈们一定要进行孕前检查，必要时进行遗传咨询。如果有基础疾病，一定要在专科医生的指导下进行治疗，同时调整好自己的心理状态并保持愉悦的心情、改变不良的生活习惯、避免接触有毒有害物质，从而为宝宝的到来做好生理及心理的准备。

二、饮食营养

（一）科学饮食

合理的饮食不仅能为准妈妈的身体提供能量，还能使身体的营养平衡，让生殖细胞的发育更健康。为了生出健康聪明的宝宝，备孕女性要科学合理地安排饮食（图 1-1）。

图 1-1　饮食营养

1. 加强营养　全面均衡的饮食是健康怀孕的基础，日常饮食应保证全谷物、水果、蔬菜、肉类、海产品、豆制品和奶制品的摄入。备孕期女性可以根据自己的家庭、季节等情况，有选择地安排好一日三餐。备孕期间，建议多吃全麦食品和粗粮，例如糙米、燕麦、小麦、全麦面包等。多食富含叶酸的食物，如菠菜、芦笋等新鲜蔬菜，橘子、草莓、樱桃等水果，动物的肝脏、肾脏等。叶酸可降低婴儿出生缺陷，减少流产发生率，减轻妊娠反应。应注意叶酸怕热，烹调后损失严重。饮食中应注意海产品的摄入。海带、紫菜、裙带菜等富含碘、锌、铁等微量元素；三文鱼、鲭鱼、金枪鱼等含丰富的 $\omega-3$ 脂肪酸，能保护心脏，并减轻抑郁感。鱼类中以深海鱼为佳。饮食中应注意坚果、豆类食物的补充。坚果、种子、豆浆等食物能吸收健康脂肪，健康脂肪对身体每个系统都有深远影响，包括生殖系统，有助于激素更好地发挥作用。

2. 养成良好的饮食习惯　一日三餐定时定量，不过分饥饿、不暴饮暴食。适宜加餐，时间以上午 10 时~11 时、下午 3 时~5 时为宜，加餐食物最好选择水果或坚果。食物烹饪宜采用蒸、煮、炖，有助于营养的保全和吸收。吃饭宜细嚼慢咽，让食物充分消化和吸收。吃饭时保持心情愉快，有助于增加食欲，促进消化吸收。吃完饭后休息 30~60 分钟，保证胃肠道血液供应，利于食物的消化和吸收。

3. 避免食入不健康的食物　选择新鲜、天然的食物，避免含食品添加剂多的食品。蔬菜、水果务必洗净，水果最好去皮后食用，因为表皮残留的杀虫剂、农药对胎儿有致畸的风险。避免饮用咖啡、浓茶、甜饮料等饮品，最好饮用白开水。避免吃生肉、生鱼及未经消毒的奶制品，防止细菌、病毒和寄生虫感染。使用铁锅或不锈钢炊具，避免使用铝制品及彩色搪瓷制品，以防铝元素、铅元素等对人体细胞产生伤害。远离炸鸡、冰激凌等高脂肪含量食物，它们会损害卵巢中的卵子。

（二）孕前 3 个月补充叶酸

1. 叶酸对胎儿的大脑、脊髓发育很重要　准妈妈在孕前至整个孕期补充小剂量的叶酸，可以使胎儿发生神经管畸形的风险率降低 50%~70%。缺乏叶酸易引起神经管不闭合而导致以脊柱裂和无脑畸形为主的神经管畸形。胎儿发生神经管畸形的时间很早，通常发生在上一次月经之后的 40 天左右，也就是大多数女性刚知道自己怀孕的时候，如果这时才吃叶酸就来不及了。因此，备孕女性在孕前 3 个月，就要开始补充叶酸了。

2. 孕前怎样补充叶酸

摄入量：每天摄取 400μg 叶酸。

膳食补充：深绿色蔬菜，如菠菜、莴笋、卷心菜、芦笋、扁豆、西蓝花等；水果，如猕猴桃、樱桃、橙子等；其他，如动物肝脏、蛋黄等。

叶酸制剂：每天食入 0.4mg 单纯叶酸片或含有 0.4mg 叶酸的复合维生素。

3. 需要补充叶酸的重点人群　见表 1-1。

表 1-1　需要补充叶酸的重点人群及原因

需要补充叶酸的重点人群	原因
超过 35 岁的备孕女性	受孕后卵细胞的纺锤丝老化，生殖细胞在减数分裂时容易出现异常，从而生出畸形宝宝
曾有一胎患神经管缺陷的备孕女性	准妈妈再次发病的概率是 2%~5%，曾有两胎同样缺陷，概率更高，而患者的同胞姐妹发病的概率会比正常人高
缺乏富含叶酸膳食备孕女性、高原地区的备孕女性	容易缺乏叶酸，导致胎儿先天畸形
过于肥胖的备孕女性	肥胖可能会引起身体新陈代谢的异常，由此导致胚胎神经系统发育变异
备孕时男性也需补叶酸	男性体内的叶酸含量对精子质量至关重要。若男性体内叶酸水平过低，会降低精子的活动能力，降低受孕机会。如卵子和异常的精子结合，会增加孕妈流产率，可能引起初生儿缺陷

（三）微量元素可以改善受孕环境

1. 补锌预防先天畸形　准妈妈缺锌，可能会影响胚胎的发育，导致各种先天畸形。因此，备孕女性应多吃富含锌的食物，如瘦肉、贝壳类海产品、谷类胚芽、芝麻、虾等。

2. 预防"呆小症"　女性如果长期摄入碘不足，可造成生出的宝宝甲状腺功能低下，会影响中枢神经系统，特别是对大脑的发育也有影响，还可能导致生长缓慢、反应迟钝、面容愚笨，成年后的身高也不足130cm，即"呆小症"。孕前补碘比孕期补碘对宝宝大脑发育的促进作用更明显，如果孕后5个月再补碘，就起不到预防作用了。

3. 补铜促进胎儿正常发育　准妈妈如果缺铜，可能会影响胚胎的正常分化和发育，还可能会导致胎儿先天畸形，以及胎膜早破、流产等异常情况。因此，女性在备孕期间要适当多吃动物肝脏、粗粮、坚果等铜含量较高的食物。

4. 补锰促进胎儿智力发育　准妈妈缺锰会影响胎儿智力发育，并且还可能导致胎儿畸形。只吃加工得过于精细的米面，可能造成锰摄入不足，而常吃五谷杂粮和蔬菜的人一般不会发生锰缺乏，因此，备孕女性应该多吃些蔬果、粗粮。

5. 补铁准妈妈不缺血　如果缺铁可能会造成营养不良和贫血，在贫血的状况下怀孕，有可能会引起流产。因此，备孕期间要吃一些含铁元素多的食物，比如瘦肉、动物肝脏、菠菜、苋菜、紫菜、黑木耳、豆类等食物。使用铁锅烹饪食物，用铁锅烹调菜肴的过程中，微量的铁元素会溶解在食物内，有防止缺铁性贫血的作用。

（四）提高受孕率的天然助性食物

1. 豆浆可双向调节雌激素　大豆中的大豆异黄酮又称植物的雌激素，其结构和女性体内的雌激素接近。女性35岁以后，体内雌激素偏低，卵巢功衰退，多喝豆浆对卵巢功能有利。大豆异黄酮可以双向调节人体的雌激素：当雌激素不足时，可以起到类雌激素的效果；当雌激素过剩时，又能起到抗雌激素的作用。

2. 备孕时吃点核桃暖子宫　中医学认为，多吃核桃能补气暖身，备孕女性每周至少吃两三次核桃。有些女性喜欢将核桃仁表面的褐色薄皮剥掉，这样会损失一部分营养，因此不要剥掉这层皮。

3. 备孕时吃点猕猴桃益处多　猕猴桃中维生素 C、叶酸、维生素 E 的含量都很高。维生素 E 能使女性雌激素浓度增高，提高生育能力。浓绿色果肉、味酸甜的猕猴桃品质最佳，维生素含量最高；果肉颜色浅些的略逊。

三、心理调节

妊娠作为女性生命中的一件重大事件和生活的转折点，不仅在身体上给女性带来了巨大的改变，同时伴随着激素的变化，在心理上同样也发生一些转变。随着孕期保健的普及，对女性孕期心理健康状况的关注得到加强。女性在孕前、孕中及产后的心理健康问题不仅会影响其自身健康，并且还会严重影响其后代的身体健康。

（一）孕前常见心理状态

女性在孕前期对妊娠、分娩的相关知识了解较少，对此充满了恐惧、焦虑和担心等不良心理问题，严重者甚至会导致其睡眠不足、食欲不振、神经系统功能紊乱。除了对自身造成严重影响以外，孕前期的焦虑与恐惧可能会伴随整体怀孕过程，并且还可能会增加新生儿体重过低和早产的危险性。因此我们必须采取一些手段来缓解女性在怀孕前焦虑、恐惧的心理压力。

（二）应对的方法

1. 储备知识　首先要对整个怀孕过程中可能出现的生理及心理变化有相关的了解，比如早期的早孕反应、中期的胎动、晚期的腰腿疼痛等。掌握了可能发生的生理变化后，才能在出现这些现象时正确对待，可以消除一部分恐惧、担忧的心理压力。女性可以自己去查阅相关资料、阅读各种相关的科普读物；或者关注一些母婴生活类的公众号，上面一般会分享大多数女性都会遇到的问题。另外，可以与同样在备孕的女性，或者已经生育过的女性等进行团体的经验分享，是社会支持系统建立的一种方式或者途径，此方法也被称作心理支持疗法，是最基础的心理疗法之一，可帮助心理压力过大的备孕女性克服情绪障碍。

2. 放松疗法 备孕期女性常常会因压力产生焦虑的情绪，如果不及时调整解决，在后期怀孕过程中及产后，这些症状都有可能对孕产妇及胎儿产生一定的影响。可以尝试采用放松训练来缓解焦虑情绪。放松训练又被称作松弛疗法，是通过各种反复训练，使人的思想、情绪及全身肌肉处于完全松弛、宁静状态的一种治疗方法，可以帮助缓解焦虑症状。常用的放松疗法有肌肉松弛法，以调整肌肉为主，通过肌肉适当的收缩和放松的练习，达到肌肉松弛、心情放松的目的。

（1）对比法：①在安静的环境中，取坐位或卧位，解除身上所有的束缚，休息几分钟。②有意识地反复训练骨骼肌的紧张和放松，以松弛腹部肌肉为例进行介绍：双腿并拢抬高，同时压低胸部，使腹部处于紧张的状态，保持 10 秒，然后放松，休息 20 秒后做下一个动作。③从肢体远端开始，再到身体近端，从一侧肢体再到另一侧肢体，脚趾、小腿、大腿、臀部、腹部、胸部、背部、肩部、双前臂、双上臂、颈部、头部都要涉及。

（2）交替法：①在安静的环境中，取有利于紧张部位拮抗肌收缩的体位。②尽可能放松紧张部位，缓慢且用力地收缩拮抗肌，保持 30 秒，放松 20 秒后进入下一个部位。③采用从近端到远端的程序，按照肩部→手臂→手→髋→膝→脚→头→背部→腰部→下颌的顺序进行操作。

扫一扫，看视频：放松疗法操作

3. 暴露疗法 暴露疗法也是常见的心理干预手段之一，也称为冲击疗法，是让患者反复想象进入恐怖、焦虑的情境中，一段时间后就会习惯这个过程。暴露疗法是用来矫正人们对恐怖和焦虑等情绪的错误认识，可以有效减轻焦虑的情况。治疗程序如下：

（1）写下你所焦虑或恐惧的事项，用0~100分来评估它们，0分表示完全不焦虑，100分表示很苦恼、很焦虑的状况。

（2）在（1）中选择程度较低的事情，再选择一种暴露方式。暴露方式有3种：实景暴露、想象暴露和身体症状暴露。

（3）练习面对选择的害怕场景，直到焦虑指数下降。

（4）坚持练习，直到能面对全部之前写下的焦虑、恐惧事项。

在暴露疗法的运用过程中，我们需要结合放松练习一起进行，这样才能在强烈的刺激中逐渐恢复平稳而适应。具体的放松训练方法后面的篇章我们会详细讲解。平稳的情绪、良好的心理状态是孕产妇及胎儿健康发展的基础（图1-2）。

图1-2 心理调节

四、中医调理

中医对女性备孕的调理一般是从大方面精气神和小方面气血阴阳来共同调理，中医不同于西医，没有很强的针对性和靶向性，中医讲究全身整体调养，虚则补之，实则泻之，使身体达到阴阳平衡的状态，就是最佳怀孕之时。

（一）女性生理周期调养

女性想要怀孕，首先要保证月经正常，有的女性虽然来了月经，但是她的黄体水平却很低，这也不能怀孕。因此，月经不正常的女性，都需要做一段时间的调整。如何来调整呢？中医学认为要调整全身的功能，让气血变得充盈，经脉变得通畅。

1. 月经期：以通为主　血脉不通则痛，女性身上如果出现了一些痛证，多半是因为气血不通所致。月经期（即月经来潮的 5 ~ 7 天），经血排出顺利与否，直接关系到身体日后的恢复。因此，经血要以"通"为主。有的女性在行经的时候，会觉得小腹很胀，里边总有一团气，月经也被堵得无法正常流通。这时不妨用金橘或萝卜调理一下，它们具有很好的理气效果，可以把堆积在腹内的气疏通开来。

2. 卵泡期（阴长期）：滋补肝肾　月经结束后的 7 ~ 10 天，中医称为"阴长期"，是滋补肝肾的好时机。此时卵泡开始在卵巢内成长，要促使卵泡发育成熟，应以补血养阴为主，同时注意滋补肝肾。这个阶段可以在煲汤时添加些滋阴养血、滋补肝肾的药物，如枸杞子、女贞子、桑椹等。

3. 排卵期：温阳活血　女性在一个月中有一天会感到身体微微发热，并伴有较多的透明、拉丝状白带绵绵而下，这正是排卵的日子。中医学认为，排卵期是"阴转阳，阳气内动"，意思是在月经期后，阴气不断增长，长到一定程度后便开始转化为阳。这个阶段注意温阳活血，能够调养血虚状态，促进排卵。在饮食上，加一些温阳活血的药物，如丹参、肉桂等。此外，要注意保持心情愉悦、情绪稳定。

4. 黄体期（阳长期）：健脾补气　在排卵后至下次月经来潮前的 5 ~ 7 天，称作"阳长期"，因为这个时期女性子宫内阴血旺盛、阳气充沛，为受孕做好了准备。中医学认为"脾统血"，脾健则血得统摄、使血有所归，不致溢出脉外。这个时期女性应注意不要受凉，不能吃冷饮等温度低的食物，可以多喝一些山药粥，以健脾、补肾气。

（二）中医备孕"四养"

1. 养血

（1）补血：女子以血为本，因而多出现与血有关的疾病，血虚便是其一。血虚的表现为面色黄白，口唇、眼睑和指甲颜色淡白，严重者会出现月经量少、视力模糊、头晕等症状。中医学认为，过度劳累会暗耗阴血。同时，也要注意情绪的自我调控，血虚的人容易出现抑郁、焦虑等情绪反应，而过度的情绪反应反过来也会暗耗阴血，如此往复将会陷入恶性循环。一般的红色或黑色食物都可起到补血效果，如桑椹、牛肝、羊肝、胡萝卜、乌鸡、红枣、红糖、赤小豆等。脾胃为气血生化之源，过多的甘甜之品会阻碍气血的生成，所以要少吃甜食。此外，刺激性、过冷、过热的食物也要少吃，这对养护脾胃也有好处。

（2）祛瘀：血是生命的根本，它周而复始在全身运行，滋养五脏六腑、筋骨皮毛，使人体的脏腑经络、五官九窍、四肢百骸等各项功能保持正常；如果出现血瘀，则会对身体的正常功能带来不良影响。血瘀的表现为口燥咽干、皮肤粗糙、爪甲青紫，舌诊可见舌青紫色或舌下络脉呈青紫色，严重者会出现痛经、月经不调，或是身体某部位刺痛、疼痛不移等症状。因此，生活起居要保持规律，保证休息和适量的运动，不宜过度劳累。一般可食用山楂、玫瑰等。但怀孕之后对此禁忌。

2. 养气

中医说的"气"，是指人体的元气，是不断运动着的具有很强活力的精微物质，是构成人体和维持人体生命活动的物质基础。元气不足会导致脏腑功能低下，使身体处于衰弱状态，表现为少气懒言、全身疲倦乏力、声音低沉、动则气短易出汗、头晕、心悸、食欲不佳等。如此，身体状态不佳则影响怀孕。补气当补肺、脾、肾三脏之气。要注意膳食平衡、营养丰富、饮食多样化，可吃牛肉、鸡肉、猪肉、糯米、大豆、白扁豆、大枣、鲫鱼、鲤鱼、鹌鹑、黄鳝、虾、蘑菇、山药、桂圆等，忌吃生冷、油腻、辛辣等食物。

3. 养神 中医有"药养不如食养，食养不如精养，精养不如神养"之说，所谓养神主要指精神调养。月有阴晴圆缺，人有悲欢离合，每个人都会有情绪，情绪的好坏也决定着身体健康的状态。一般情况下，安静和顺、神清气和、胸怀开阔、从容温和的状态是较为适宜的。心情愉快、性格开朗，不仅对健康的心理有益，还能增强机体的免疫力，对新陈代谢也有利；若在孤独、忧郁、失落、自卑等消极心理影响下，久而久之，生理上也会出现健康问题，这对即将受孕的准妈妈是没有任何好处的。中医学认为，父母的心理状况也影响受孕，受孕后也会因"外象内感"而影响胎儿心理发育。

4. 养身 养身指的是全身调理。中医学认为，人是一个整体，人体的五脏六腑在生理上互相关联，存在着相生相克的影响，即某一个脏器出现问题，也会导致其他脏器出现问题。因此中医提倡的孕前准备，讲究全身调理，而非单独调养某个脏器。但因为肝脏、脾脏、肾脏的功能对女性气血的影响最大，在孕前调理时更需关注它们的调养。肾为先天之本，主生殖和生长发育，如果肾功能不健全就会影响受孕，甚至导致不孕或流产。"药补不如食补"，养肾也不例外，对肾功能有益的食物有猪腰花、牡蛎、核桃、海参、虾、骨髓、黑芝麻、樱桃、桑椹、山药等。此外，也要注意适度运动，运动能改善体质、强筋健骨，使肾气得到巩固；夫妻生活要适度，不勉强，不放纵；按时休息。

五、孕前检查

怀孕前 3~6 个月，未来的准妈妈和准爸爸需到计划生育技术服务机构接受规范的孕前检查，专业技术人员会从环境、心理、生物学的角度对计划怀孕的夫妇双方的健康状况、家族史、生活方式、饮食营养、职业状况及工作环境、运动（劳动）情况、家庭暴力、人际关系等各方面进行综合评估，同时还可及早识别可能导致不良妊娠结局（流产、早产、出生缺陷等）的风险因素，并给予相应指导，从而实现优生优育（图1-3）。

图1-3 孕前检查

（一）询问夫妻双方有没有异常情况

未来的准妈妈有没有月经不调、痛经、盆腔炎、子宫肌瘤、宫颈病变、阴道炎等病史，以及吸烟、酗酒等不良生活嗜好等问题。未来的准爸爸有没有结核、腮腺炎、附睾炎等病史，有没有性功能异常（外生殖器发育不良或勃起障碍、早泄等），有没有吸烟、熬夜等不良生活嗜好。夫妻双方有没有家族遗传性疾病史；既往生育情况及有无异常生育史，是否为瘢痕子宫。

（二）未来准爸爸的检查

1. 精液常规 检查前4~5天排精一次后禁欲，采用手淫法取精。正常精液量为2~6mL，通过观察精子的液化、浓度、形态及活动了解精子的活力。

2. 生殖系统检查 排除生殖系统畸形、病变及感染。

（三）未来准妈妈的检查

1. 全身检查 测血压、体重并计算体质指数（body mass index，BMI）。行全面体格检查，特别注意体形、心肺功能、乳房发育、甲状腺有无增大等。

2. 妇科检查 检查生殖系统有无发育不良、畸形、炎症及肿块等。

3. 必查项目

（1）血常规：通过血红蛋白量了解有无贫血，严重贫血可致早产。

（2）尿常规：了解有无泌尿系统相关疾病。

（3）血型（ABO 和 Rh 血型）：如果妻子为 O 型血，丈夫应该查血型，如果丈夫不是 O 型血，新生儿就存在 ABO 溶血的风险，要格外小心。

（4）肝功能：通过转氨酶了解肝脏功能。如果转氨酶异常升高，提示肝功能异常，若怀孕会加重肝脏负担，进一步影响肝功能。

（5）肾功能：通过尿素氮、肌酐了解肾脏功能。如果肾功能异常，怀孕后可加重肾脏负担，进一步影响肾功能。

（6）空腹血糖水平：如果存在孕前糖尿病，孕中晚期会加重；如果用药，孕期应该用胰岛素。孕妇高血糖可导致孕妇患白假丝酵母菌阴道病、感染、羊水过多等，还可导致死胎、胎儿畸形、巨大儿、新生儿呼吸窘迫综合征、新生儿低血糖等，应予以重视。

（7）HBsAg 筛查：排除乙肝或乙肝携带者，阳性者可能传给胎儿，应做好阻断。

（8）梅毒血清抗体筛查：阳性者可能导致胎儿畸形、流产等，应积极治疗。

（9）HIV 筛查：排除艾滋病。阳性者可能传给胎儿，应做好阻断。

（10）地中海贫血筛查：该病在广东、广西、海南、湖南、湖北、四川、重庆等地区属于高发病。

4. 备查项目

（1）子宫颈细胞学检查（1年内未查者）：排除宫颈癌前病变或宫颈癌。

（2）TORCH筛查：为优生四项，包括风疹病毒、巨细胞病毒、单纯疱疹病毒及弓形体筛查，这些病原体感染可导致胎儿畸形。

（3）阴道分泌物检查（白带常规、淋球菌及沙眼衣原体）：排除阴道炎、宫颈炎。滴虫性阴道炎可致不孕。阴道炎、宫颈炎可能导致孕期胎膜早破。

（4）甲状腺功能检测：排除甲状腺疾病。甲状腺疾病可导致不孕、流产、呆小症等。

（5）75g口服葡萄糖耐量试验（OGTT）：针对糖代谢异常的高危妇女。

（6）血脂水平检查。

（7）妇科超声检查：筛查子宫病变（肌瘤、内膜息肉、癌）、卵巢疾病（多囊卵巢综合征、卵巢肿瘤）等。

（8）心电图检查。

（9）胸部X线检查：建议做完检查3~6个月后备孕。

（10）染色体检查：适用于有遗传病家族史的未来准爸爸、准妈妈。

（11）性激素六项：通常在月经来潮后的第2~4日测基础水平，下次月经来潮前5~9日测孕激素水平，了解有无排卵。

（12）排卵监测：排卵期同房受孕的概率大大增加，计划怀孕的女性可以监测排卵期。①观察自己的分泌物，当分泌物呈现量多、稀薄、拉丝度长时即将排卵；②经阴道超声动态监测优势卵泡的大小，有助于了解排卵期；③排卵试纸检测尿液中黄体生成素（lutropin alfa，LH）的量有助于监测排卵，当LH呈强阳性时提示即将排卵；④监测基础体温有助于监测排卵，基础体温升高0.3~0.5℃提示已经排卵；⑤下次月经来潮前5~9日检测性激素六项中的孕激素，阳性时提示排卵。

科普小知识：基础体温监测

每天清晨醒后（最好在同一时间段），什么都不做，躺在床上用口表测量体温，记录在表格上。一般情况下，在排卵以前体温总是在 36.5℃ 左右，排卵时体温稍下降；排卵后就上升到 37℃ 左右，平均上升 0.35～0.5℃，一直持续到下次月经来潮，再恢复到原来的体温水平。通常需要连续测量 3 个月经周期的基础体温，就能够推测出较准确的排卵日期。

六、用药指导

对于有生育需求的夫妻双方，想拥有一个健康的宝宝，备孕非常重要。一般来说，怀孕前 6 个月，夫妻双方要坚持锻炼身体，少生病，尽量不用药。如果真的生病了，是不是就一直拖着不能用药呢？答案是否定的。比如感冒发热，在医生的指导下，适当地使用青霉素类及头孢菌素类抗生素也是可以的，此类药物对母体及胎儿都相对比较安全。在整个孕前期，用药需要注意以下几个事项：

1. 部分女性患有癫痫、糖尿病、精神类疾病、甲状腺疾病等，且仍在长期用药治疗。这种情况下不要着急怀孕，孕前需到专科门诊进行健康评估，及时进行用药调整，确定安全的受孕时间，以免影响妊娠。

2. 目前大部分女性在备孕期间都会担心身体营养不够，服用各种营养补充剂，例如复合维生素善存、爱乐维等。建议在服用前去医院做一个系统检查，详细了解自身的营养状态，比如叶酸、碘、铁及维生素 A、B 族维生素、维生素 D 等营养素水平，根据营养状态及生活习惯有针对性地补充营养，而不是盲目服用。

3. 对于部分自行到药店购买的药品，一定要养成阅读说明书的习惯，说明书中带有"孕妇禁用""孕妇慎用"字样的药品，一定不要自行服用；无法判断的，建议去医院寻求专科医生的解答。

4. 对于长期使用口服避孕药的女性，应该在停药后 6 个月再考虑怀孕。另外，部分药物影响时间会很长，如用于治疗皮肤痤疮的维 A 酸类药物，对胎儿有明显的致畸作用。如果在用此类药物期间发现怀孕，需要听取医生建议，并在做进一步检查后决定是否终止妊娠。

5. 慎用中药汤剂。受传统观念的影响，很多人认为中药性温、安全无毒，在备孕期间随意去药店或者中药材市场购买一些滋补类药材煎汤服用。中药组方较多，成分复杂，一些成分对生殖细胞存在毒性，不建议自行服用。

6. 备孕期间，男性在 3~6 个月内一定要忌烟、酒、茶、咖啡等，不随意使用药物，从而保证精子质量，确保受孕后胎儿健康。

对于每一个家庭来说，生育都是一件非常重大的事情。因此，药物对于生育的影响应该得到充分的重视，备孕期间用药需更加谨慎。在用药前务必告知医生自己目前处于备孕阶段，如此才能更好地在医生指导下，做到安全用药、安全备孕。

第二篇

孕早期健康促进

一、健康状况

（一）孕妈妈身体的变化

1. 停经　女性在怀孕后体内激素水平升高，子宫内膜迅速生长，为胚胎发育提供所需的营养，所以在怀孕后就不会出现周期性脱落，也不会有月经来潮的现象。

2. 乳房的变化　妊娠后孕妈妈受体内多种生理性激素的影响，乳房通常会增大，有自觉乳房发胀甚至触痛，乳头也会增大变黑，乳晕周围还会出现结节样隆起，这些都是在为产后哺乳做准备。

3. 身体不适　孕妈妈在孕早期可能出现发困、无力、没胃口、恶心、腹胀等不适，有的甚至还会出现夜间排尿及排便增多，这些都是为了保证胎儿有足够的营养及体内激素水平的增加，导致胃肠道蠕动较慢及盆腔充血改变肠道环境所致。孕妈妈们不必担忧，注意营养均衡、保证充足的睡眠、避免剧烈运动即可。

4. 生殖系统的变化　孕早期妈妈的子宫会慢慢变大，3 个月后可以自己在耻骨联合上方扪及。此后还会伴随不规则的无痛性腹部紧缩感，如果你感受到了，请不要紧张，这属于生理性宫缩，对你和宝宝没有危害。此外，细心的妈妈可能还会察觉到阴道分泌物变得黏稠了，这些都是身体为了保护宝宝而发生的生理变化，请不要过分担忧。除此之外，大小阴唇还会因色素沉着而变黑，分娩后大部分可消退。

5. 其他系统

（1）血液系统：孕早期孕妈妈的血压可能偏低，注意孕早期不要突然起立及长时间站立，以免加重直立性低血压的发生。孕期血容量、红细胞、白细胞、心排出量均有不同程度的增加。

（2）泌尿系统：可发生妊娠生理性糖尿；排尿次数可能增多；易患肾盂肾炎，所以孕妈妈们如果感到尿痛、腰痛需要及时就医。

（3）消化系统：受雌激素影响，孕妈妈们的齿龈可能变得肥厚，易患齿龈炎致齿龈出血，牙齿易松动及出现龋齿，需要加倍做好口腔护理。孕早期可因胃肠道平滑肌张力降低，胃内酸性内容物反流至食管下部而产生烧心感。胆道平滑肌松弛，胆囊排空时间延长，易诱发胆囊炎及胆囊结石，所以孕妈妈们在保证营养的同时避免高脂肪及多油食物。

（4）皮肤的变化：妊娠期垂体分泌促黑素细胞激素增加，雌激素及孕激素大量增加，使孕妈妈皮肤色素加深，尤其是乳头、乳晕、腹白线、外阴等处出现色素沉着，面部呈蝶状褐色斑。

（5）骨骼、关节及韧带的变化：妊娠期骨骼一般没有变化，多胎多产、缺乏维生素 D 及钙时可发生骨质疏松。孕期耻骨联合关节、骶髂关节、骶尾关节及韧带会变得相对松弛，以利于分娩，产后大部分可恢复。

（二）胚胎的形成与胎儿发育

妊娠早期是受精卵着床及胎儿主要器官发育的重要时期，大致可分为以下三个发育阶段。

1. 受精与着床　精子与卵子在输卵管壶腹部"鹊桥相会"1 周后植入子宫内膜，着床成功。可以说是种子种到土里，等待发芽了。

2. 胚胎的发育　受精后 8 周，胚胎就有了人形：头大，眼、耳、鼻、口可辨，四肢已具雏形，早期心脏形成，超声可见原始心管搏动。12 周末，部分可以辨认出性别，指甲开始形成。

3. 胎儿附属物的形成　胎儿附属物指的是胎儿以外的胎盘、胎膜、脐带和羊水，对胎儿生存及生长发育有着特别重要的作用。

（1）胎盘的作用：孕妈妈与胎宝宝之间交换氧气和二氧化碳；孕妈妈为胎宝宝提供营养物质的桥梁及宝宝代谢产物的排泄通道；对某些细菌、病原体及药物有一定屏障作用，保护胎儿健康成长。

（2）胎膜：俗称胎衣，包裹和保护宝宝，促进脂质代谢，分泌和吸收羊水。

（3）脐带：通俗地讲就相当于连接妈妈和宝宝的运输管道，由一条脐动脉和两条脐静脉组成，主要负责运输孕妈妈的营养物质及宝宝的排泄物。

（4）羊水：是胎宝宝的"游泳池"内液体。不同孕期羊水的来源、容量及组成成分均有不同。羊水主要是保护胎宝宝在孕妈妈肚子里活动自如，防止受压及震荡；同时也缓解胎宝宝在肚里闹腾时给孕妈妈带来的不适感。宝宝出生时羊水还起到润滑产道、减少感染的作用。

二、饮食营养

孕早期是从一个受精卵细胞发育成一个初具人形的胎儿的关键期，也是胎儿畸形发生率较高的时期。因此，孕早期的营养不但能预防可能发生的健康问题，也为整个孕期营养保健打下良好的基础。

孕早期因为胎儿尚小，对营养素的需求相对较少，怀孕早期无明显早孕反应者可继续维持孕前平衡膳食，食欲不佳或孕吐比较明显的孕妈妈不必过分强调平衡膳食，可根据个人口味和饮食嗜好选用清淡、易消化的食物，尽量少食多餐，尽可能多摄入食物，特别是富含碳水化合物的谷类、薯类食物，避免油腻、有特殊气味的食物。

（一）孕早期饮食的重要性

在怀孕初期，尽管有妊娠反应，但营养不能忽视，因为妊娠初期是胎儿重要器官发育形成的主要阶段，特别是神经管和心、脑等重要器官的发育。这个时期，特别需要维生素、矿物质、蛋白质、叶酸、铁、钙等，尤其是叶酸的补充非常必要。孕早期的营养摄入，总的原则是全面、均衡的，保证必要的维生素和矿物质的补充。妊娠初期，孕妈妈的饮食常会受到妊娠反应的困扰，因为体内激素水平的变化，导致孕妈妈出现食欲不佳、厌食、恶心，甚至呕吐等；所以这个时候饮食强调清淡、营养、容易消化，还有少食多餐，同时补充叶酸和复合维生素，以预防神经管畸形和先天性心脏疾病的发生。

（二）孕早期膳食要点

1. 孕早期无明显早孕反应者应继续保持平衡膳食，孕吐较明显或食欲不佳的孕妇不必过分强调膳食平衡。孕早期胎儿生长相对缓慢，所需营养及能量并无明显增加。可根据个人的饮食嗜好和口味选用清淡可口、易消化的食物，少食多餐，吐了又吃，尽可能地增加食物摄入来纠正孕吐可能导致的摄入小于消耗的不良结局。孕妈妈无须额外增加食物摄入量，以免使孕早期体重增长过多，致使明显增加妊娠期糖尿病并发症的发生。保证基础能量供应、叶酸摄入及适量补充复合维生素。

2. 每天必须摄取至少130g碳水化合物，首选富含碳水化合物、容易消化的粮谷类食物，如米、面、烤面包、烤馒头片、饼干等。食糖、蜂蜜等的主要成分为简单碳水化合物，易于吸收，进食少或孕吐严重时食用可迅速补充身体所需碳水化合物。能提供碳水化合物130g的食物主要有200g左右的全麦粉、170～180g精制小麦粉或大米、大米50g+小麦精粉50g+鲜玉米100g+薯类150g的食物组合等。

3. 不能保证能量摄入的或进食过少甚至不能进食的孕妈妈需要

请求医生帮助，通过静脉补液保证基本能量供应。否则，当机体动用脂肪来产生能量以维持基本生理需要时，机体内会产生酮体，当酮体产生超过机体氧化能力时，血液中酮体升高，成为酮血症或酮症酸中毒。孕妈妈血液中的酮体可通过胎盘进入胎宝宝体内，影响胎儿大脑及神经系统的发育。

4. 补充叶酸。除了每天必须补充 400μg 的叶酸制剂外，还应进食富含叶酸食物。富含叶酸的食物有动物肝脏、蛋类、豆类、酵母、绿叶蔬菜、水果及坚果等。100g 常见蔬菜类食物可提供叶酸的量如表 2-1。

表 2-1 常见蔬菜叶酸含量

食物名称	重量（g）	叶酸含量（μgDFE）	食物名称	重量（g）	叶酸含量（μgDFE）
小白菜	100	57	韭菜	100	61
甘蓝	100	113	油菜	100	104
茄子	100	10	辣椒	100	37
四季豆	100	28	丝瓜	100	22

注：根据《中国食物成分表2004》计算；DFE：膳食叶酸当量。

5. 尽量食用碘盐。碘缺乏会导致甲状腺素合成不足，影响蛋白质合成和神经元的分化，使脑细胞减少、体积缩小、重量减轻，严重影响胎儿脑和智力发育。孕期碘缺乏，轻者导致胎儿大脑发育落后、智力低下、反应迟钝；严重者导致先天性克汀病，患者表现为矮、呆、聋、哑、瘫等症状。此外，孕早中期还可引起流产、死胎及晚期早产等不良妊娠结局，妊娠期高血压、胎盘早剥等严重妊娠期并发症的发生率也相应增加。

孕早期应摄入加碘食盐，考虑到孕早期对碘的需要增加、碘缺乏对胎儿的严重危害、孕早反应影响碘的摄入，以及碘盐在烹调等环节可能造成的碘损失，建议孕早期妇女除规律食用碘盐外，每周再摄入 1 次以上含碘的食物，如各种海产品包括海生动物和海生植物，以增加一定的碘储备。孕期碘摄入量推荐 230μg/d，每天摄入碘盐 6g 能提供 120μg 碘。还需摄入富含碘的食物，能提供碘 110μg 的食物有鲜海带 100g、干紫菜 25g、干裙带菜 0.7g、贝类 30g、海鱼 40g。

6. 恶心、呕吐的防治。孕妈妈们睡前和早起时吃点饼干、面包干、烤馒头片，可减轻恶心、呕吐；口含姜片、喝柠檬水，也可缓解恶心、呕吐；酸奶、冰激凌等冷饮较热食的气味小，口感好，还可增加蛋白质和碳水化合物的摄入，又有止吐作用，孕早期孕妇可适量食用。

7. 戒烟戒酒，避免二手烟。烟草中含有大量有毒有害物质，这些物质可随烟雾主动或被动吸入孕妈妈体内，使母体血液和胎盘循环中氧含量降低，导致胎宝宝缺氧，从而影响生长发育，可能发生大脑和心脏发育不全、腭裂、唇裂、智力低下等先天缺陷。烟雾中的尼古丁可使子宫和胎盘的小血管收缩，导致胎宝宝缺氧，从而引起流产、死胎等。曾有人认为孕妇适量饮酒对胎儿影响不大，只有严重酗酒的孕妇才会引起胎儿酒精中毒，但最新研究结果显示：孕妈妈饮酒可增加早产和流产的风险，平均每周喝 4~5 杯葡萄酒即会损害胎宝宝的脑神经，导致儿童期多动症和智力低下。

（三）孕妈妈营养不足对母体和胎儿的影响

1. 对孕妈妈自身的影响　孕早期孕妈妈的营养不足或者某些特殊营养素的不足，可因为胎宝宝的营养摄入需要，加剧孕妈妈的营养不足，导致孕妈妈体重丢失、贫血、低蛋白血症等发病率增加，可致头晕、直立性低血压、流产等。

2. 对胎宝宝的影响　胎儿宫内发育减缓及胎儿畸形的发生率增加，如孕早期孕妈妈们严重缺乏叶酸可致胎宝宝神经管畸形的发生风险增加，碘的缺乏增加新生儿发生克汀病的风险等。

（四）孕妈妈营养过剩对母体和胎儿的影响

1. 对孕妈妈自身的影响　孕早期的营养过剩往往会导致整个孕

期的营养过剩，肥胖、体形变化且难以恢复；妊娠期高血压疾病、妊娠糖尿病的风险增加。

2. 对胎宝宝的影响　孕早期孕妈妈如果营养过剩，对孕早期胎儿发育并没有什么益处；相反，某些特殊的营养素过剩还会对胎儿发育有害，如孕早期维生素 A 的过剩还可导致胎宝宝畸形的发生率风险增加。

（五）膳食构成

1. 谷类 150~250g，其中杂粮不少于 1/5。

2. 薯类 50g。

3. 大豆 15g 或豆制品 50~100g。

4. 鱼、禽、瘦肉交替选用约 150g。

5. 鸡蛋每日 1 个。

6. 蔬菜 300~500g（其中绿叶菜 300g）。

7. 水果 150~200g。

8. 牛奶或酸奶 300g。

9. 坚果 10g。

食谱举例见表 2-2。

表 2-2　孕早期孕妈妈一日食谱示例

餐次	食谱名称	原料名称和用量
	鲜肉包	面粉 50g，瘦肉 15g
早餐	蒸红薯	红薯 50g
	鲜牛奶	牛奶 150g
加餐	水果	葡萄 100g
	米饭	米饭 100g
	青椒炒鸡蛋	青椒 150g，鸡蛋 50g
午餐	烩豆腐	豆腐 80g
	清蒸鲈鱼	鲈鱼 50g
	清炒时令蔬菜	蔬菜 250g

餐次	食谱名称	原料名称和用量
晚餐	炸酱面	标准面 100g,猪肉 30g,白菜 80g
	酸奶	酸奶 150g
加餐	香蕉	香蕉 100g
	核桃	核桃 10g
全天		植物油 25g,食用碘盐不超过 6g

三、心理调节

当知道新的生命正在自己身体里孕育，无论这个小生命是在我们期待中，还是突然来到，相信孕妈妈们的心情都是复杂的，情绪上可能会出现激动、喜悦、担忧、吃惊、焦虑、恐惧等等。孕早期的孕妈妈们在心理健康调节方面可以做些什么呢？

（一）孕早期影响孕妈妈心理的因素

1. 生物环境改变　怀孕初期孕妈妈的内分泌系统会发生变化，体内人绒毛膜促性腺激素（HCG）、雌激素、孕激素、甲状腺激素和促甲状腺激素等激素水平的波动，带来了包括生殖、血液循环、泌尿、消化等系统在内的身体器官的改变，这些生物环境的变化都会影响孕妈妈们的情绪状态。

2. 生活习惯改变　据调查，50%以上的准妈妈们会出现不同程度的早孕反应。早孕反应是指妊娠 6~12 周出现的不同程度的不适症状。对于初次怀孕的孕妈妈而言，早孕反应是不小的身心挑战。常见的早孕反应主要有恶心、呕吐，还包括牙龈发炎、尿频、便秘等，其中大部分症状会在怀孕 12 周后逐渐自然消失。怀孕初期孕妈妈们常常会感到精神不济而出现嗜睡的情况，很多准妈妈们还会发现自己在怀孕以后口味也发生了改变，这一系列的变化会让孕妈妈原本习以为常的生活发生明显改变，这些生活习惯的变化对于孕早期的孕妈妈来说会产生很多不确定感及无法掌控感，这些感受都会对孕妈妈们的心理产生影响。

3. 个体个性特质 孕妇自身的性格特点、教育背景、经历的重大生活事件等对其心理状态和情绪都会有一定影响，例如曾经有过流产经历的孕妈妈更容易紧张、焦虑。所以孕妈妈们和家属可以从孕妇自身的性格特点、是否正在经历（或经历过）生活的负性事件及周围群体给予的压力或支持程度做一个大致的预判。

（二）孕早期常见心理问题

孕早期的孕妈妈们常常会出现的情绪问题是恐惧、紧张、焦虑、担忧等，这些负面情绪的出现通常会由于以下几方面的原因而产生。

1. 新生命的意外到来 新生命的出现是意料之外的情况，孕妈妈们没有做好充分的心理准备，这种情况容易出现恐惧、焦虑的情绪。准妈妈们还不知道该如何面对这个小生命，她们还不了解孕期的基本知识，也不知道应该如何照顾一个新生命，这是对未知情况的一种恐惧、焦虑，是我们个体本能的一种反应。

2. 新生命在殷殷的期盼中到来 有一部分孕妈妈对新生命怀有深深的期待，甚至可能是经历了艰难的历程才孕育了这个小生命，这时如果孕妈妈对孕期有着较高的期待和要求时（如期待所有的检查都是正常的或者孕期不要出现任何不适等不合理的要求、期望)，就常常会引起紧张、焦虑、担忧的情绪。这种情绪如果能够及时调整，对孕妈妈及胎宝宝都不会造成影响；但如果紧张、焦虑、担忧的情绪持续不断且影响到睡眠，则会给孕妈妈的身心及胎宝宝的健康发育带来影响，所以要引起重视才行。

（三）应对的小技巧

当孕妈妈们出现恐惧、紧张、焦虑、担忧等负性情绪时，请不要恐慌，可以尝试运用下面介绍的两种小技巧协助调整情绪状态。

1. 放松训练——腹式呼吸 生活中我们大部分时间习惯采用胸部呼吸的方式，而在怀孕时期，由于胎儿的生长会限制横膈膜的移动，这时会出现过度换气的情况，而且在孕妈妈处于紧张、焦虑状态时也较容易出现此类情况，这时采用腹式呼吸来进行放松就是比较合适的方法。腹式呼吸是指我们在平静且放松时，呼吸平缓有节奏，腹部会随着呼吸节奏轻微地起伏，就像气球一样慢慢地充气，慢慢地放气。我们可以遵循下面的步骤进行腹式呼吸的练习。

（1）以舒服的姿势坐着或躺着。如果觉得平躺不舒服，也可采用侧卧或半躺坐着。

（2）放空自己，放松紧绷的肌肉。

（3）把注意力集中到呼吸上，用鼻子做几个又深又慢的呼吸。关注呼吸，感觉自己开始放松。

（4）把一只手放在胸部，另一只手放在腹部肚脐的正上方。

（5）试着把呼吸的位置从胸部移到腹部，使胸部保持静止，腹部随着呼吸轻松地收缩、鼓起。

（6）当呼吸开始进入腹部时，试着放慢呼吸，吸气时可以尝试控制在 3~7 秒，呼气时也尝试控制在 5 秒以上，呼气时可以采用口部微张的方式进行呼气。

（7）当你学会用腹部呼吸，并且能达到 3~7 秒吸入、5~7 秒呼出的速度时，继续练习大约 10 分钟。

（8）专注于深呼吸所产生的放松感，享受它。

2. 认知调整 认知调整换成通俗易懂的话语来讲，就是一件客观的事物，我们用新的分析问题、看待问题的方法替换原来旧的分析理解问题的方法，从而改变我们的情绪状态。要想完成这样的改变，就需要孕妈妈们不断地进行学习，了解科学全面的孕产知识，这样才能帮助我们调整情绪状态。例如，孕早期一部分孕妇会出现呕吐症状，孕妈妈如果对孕产知识不了解，则可能会出现错误的认识，认为呕吐症状影响了胎儿的营养吸收，会造成胎宝宝的营养不良，从而导致发育不健全，一旦这个想法形成以后，孕妈妈就会出现惴惴不安。如果孕妈妈通过学习，掌握了这个症状出现的原因及可以缓解的方法，则会消除这种忐忑的心理。所以认知调整需要孕妈妈们不断地去学习。进行认知调整的路径就是发现列出旧的、片面的认知，用新的科学的认知替换，具体路径见图2-1。

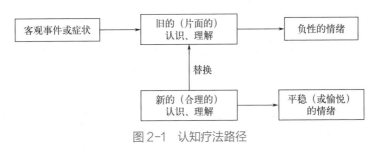

图2-1 认知疗法路径

四、孕妈妈注意事项

1. 远离有毒有害物质，如放射线、高温、铅、汞、苯、砷、农药等，如果工作环境有辐射和污染，尽量避免。

2. 早期检查。停经后6~8周即可到医院检查，排除异位妊娠、滋养细胞疾病等非正常妊娠情况。门诊详细咨询对流产的认识及预防。

3. 慎用药物。避免使用可能影响胎儿正常发育的药物。建议未到医院检查排除妊娠，不要随意使用可能导致胎儿畸形或流产的药物或有创检查等，注意用药安全；若有生育计划，就诊治疗时应向医生说明备孕状态。

4. 夫妻生活方面，孕前3个月禁止房事，注意个人卫生习惯，避免感染等。

5. 改善生活习惯。改变不良生活习惯，避免高强度工作、高噪声环境和家庭暴力。戒烟戒酒及避免被动吸烟，继续补充叶酸0.4~0.8mg/d至孕3月，有条件者孕中后期可继续服用含叶酸的复合维生素。

6. 保持心情愉悦，解除精神压力，注重心理健康。

7. 避免密切接触宠物。

五、孕妈妈及胎宝宝检查

（一）孕妈妈病史询问

1. 建立孕期保健手册。

2. 仔细询问月经情况，确定孕周，推算预产期。

3. 评估孕期高危因素。孕产史（尤其是不良孕产史，如流产、早产、死胎、死产史等），生殖道手术史，有无胎儿畸形或幼儿智力低下，孕前准备情况，孕妇及配偶的家族史。本次妊娠有无阴道流血，有无可能致畸的因素。

4. 注意有无并发症，如慢性高血压、心脏病、糖尿病、肝肾疾病、系统性红斑狼疮、血液病、神经和精神疾病等；若有的话应及时到相关科室就诊，不能耐受继续妊娠者需及时终止妊娠。

（二）孕妈妈检查

1. 全面体格检查　包括心肺听诊、测量血压、体质量，计算BMI（体质指数）；常规妇科检查（孕前3个月未检查者）；胎心率测定（多普勒听诊，妊娠12周左右）。

2. 必查项目　血常规、尿常规、血型（ABO和Rh血型）、肝功能、肾功能、空腹血糖水平、乙肝表面抗原筛查、梅毒血清抗体筛查、艾滋病病毒筛查、甲状腺功能检查、地中海贫血筛查（广东、广西、海南、湖南、湖北、四川、重庆等地区）、超声检查（妊娠6~8周）、早期唐氏筛查及NT（有条件的孕妈妈或有高危因素者可直接做无创DNA检测甚至羊水穿刺）。

3. 备查项目　丙型肝炎筛查、Rh血型阴性者抗D滴度检测、75gOGTT（高危孕妇）、贫血孕妇血清铁蛋白、结核菌素（PPD）试验（高危孕妇）、子宫颈细胞学检查（孕前12个月未检查者）、子宫颈分泌物检测淋球菌和沙眼衣原体（高危孕妇或有症状者）、细菌性阴道炎（BV）的检测（有症状或早产史者）。

六、早孕反应的应对措施

（一）孕吐反应的应对措施

1. 饮食调节 ①遵循少食多餐的原则，将一餐的量分为几餐进行。②避免吃过冷或过热的食物，以免刺激胃肠黏膜。③适当多喝水，孕吐厉害的孕妈妈可以选择高热量、高维生素、易消化的水果，如柠檬、苹果、猕猴桃、香蕉、葡萄、橘子、柚子、酸梅、番茄等。④可以选择干食，如面包、苏打饼干、葡萄干等。

2. 运动缓解 ①适当的运动能降低孕吐的次数，如散步、孕期瑜伽等，不仅能放松身体，还能愉悦心情。②孕期适当泡脚或热水袋保暖，保持四肢温度，也能缓解孕吐。③若非高强度或接触有害有毒物质的工作，或身体不适出现先兆流产的症状，建议坚持上班，转移注意力，也能在一定程度上缓解孕吐。

3. 心理疏导 ①自我调节：部分孕妇会对孕吐反应比较紧张，过重的心理压力也会加重孕吐。②请求亲人尤其是老公的陪伴。

4. 药物止吐 孕吐反应强烈的孕妈妈，不能进食或饮水后即呕吐，每天呕吐物多于进食的食物，并伴随体重下降或出现乏力等不适，需及时到医院住院输液治疗。

（二）便秘的应对措施

1. 增加活动量 适当增加活动量有助于促进胃肠蠕动，能缓解便秘。建议每天散步半小时以上，可分散在三餐后。

2. 注意调整饮食结构 不要过度进食高蛋白、高脂肪、高淀粉的食物。注意营养均衡，尤其是多吃蔬菜和高膳食纤维食物，可适当进食芝麻油、猪油等软化大便，以及选择含有调节肠道菌群的酸奶。

3. 养成排便习惯 每天在固定的时间排便，比如晨起或午睡后。

4. 药物治疗 如果以上方法都无效，可以选择药物治疗，如调节肠道菌群的药物或口服温和的缓泻药或润滑剂，建议到医院在医师的指导下用药。

七、并发症的防治策略

（一）先兆流产

1. 定义 先兆流产是指妊娠 28 周前出现的少量阴道流血，常为暗红色或血性白带，流血后数小时至数日可出现轻微下腹疼痛或腰骶部胀痛；妇科检查宫颈口未开，无妊娠组织排出，子宫大小与停经时间相符。经休息及治疗，症状消失者可继续妊娠；若症状加重，则可能发展为难免流产。

2. 病因 胚胎染色体异常、孕妈妈全身性疾病、生殖道畸形、内分泌异常、强烈应激、不良习惯、免疫功能异常、环境因素及不明因素等均有可能造成先兆流产。早期先兆流产多数无法明确病因，故仅可对症治疗。

3. 防治策略 对于上述可疑病因，如不良生活习惯及环境，备孕期及孕期尽量避免；然后对症给予卧床休息，黄体酮保胎，必要时转中医科给予调理。对于晚期妊娠结局，主要是妇产科门诊密切随访。

一旦先兆流产加重，发展成为难免流产，需立即到医院检查妊娠组织是否排出完毕，是否需要清宫手术，并遵医嘱进行必要的医学处理，以及做好后续休养以帮助身体恢复。

（二）稽留流产

1. 定义 稽留流产是指妊娠 20 周以前宫内胚胎或胎儿死亡后未及时排出者。有正常的早孕过程，有先兆流产的症状或无任何症状；随着停经时间延长，子宫不再增大或反而缩小，子宫小于停经时间；宫颈口未开，质地不软。

2. 病因 复杂多样，一半为胚胎染色体异常，且为突变性的，少数反复胚胎停育者需行男女双方系统检查甚至基因检测。

3. 防治策略 备孕期及孕早期避免有毒有害物质接触，禁烟禁酒，避免辐射、高温、高强度劳动，注意用药安全，控制好基础疾病，遵医嘱定期产检。一旦确诊稽留流产，需及时住院治疗，降低大出血及感染的风险，遵医嘱用药，促进术后恢复，尽量降低本次流产近期及远期并发症的发生概率。

（三）异位妊娠

1. 定义 异位妊娠是指受精卵在子宫体腔以外着床，俗称宫外孕。常见为输卵管妊娠，其次还有卵巢妊娠、子宫瘢痕处妊娠、宫颈妊娠、腹腔妊娠、阔韧带妊娠等。

2. 病因 确切病因不明，可能与输卵管炎症、输卵管发育异常、避孕失败等相关，还可能和内分泌异常、精神紧张、吸烟等相关。

3. 防治策略

（1）科学避孕。建议规范使用安全套或放置宫内节育器或规律服用短效口服避孕药等高效避孕措施。此外，服用紧急避孕药失败率高，相对加大异位妊娠风险。

（2）注意个人卫生，包括日常卫生及性卫生。不卫生的性生活或反复流产，容易引发输卵管炎、盆腔炎等，导致异位妊娠的风险增加。故需每天清洗外阴及勤换内裤，固定性伴侣。

（3）保持良好的生活习惯，禁烟禁酒。

（4）停经后建议到医院明确诊断，尽早排除异位妊娠。若医生考虑有异位妊娠的可能，需严格按照医嘱定期随访，尽早处理。因异位妊娠发展迅猛，如病灶破裂，发生腹腔内大出血的风险高，严重者可能影响生育力甚至危及生命。

（四）妊娠剧吐

1.定义 妊娠剧吐发生于妊娠早期，以严重的恶心、呕吐为主要症状，伴有孕妇脱水、电解质紊乱和酸中毒。若诊治不当，有电解质紊乱、肝肾衰竭危及生命的可能。

2.病因 至今病因不明。可能的因素包括：①内分泌因素：HCG 水平增高，甲状腺功能亢进（患者的呕吐严重程度与游离甲状腺激素显著相关）。②精神过度紧张、焦虑，生活环境和经济状况较差的孕妇发病率稍高。③可能与维生素 B_1 缺乏、过敏反应、幽门螺杆菌感染有关。

3.防治策略

（1）避免诱发因素，如烟、酒、厨房油烟等的刺激。

（2）调整生活习惯，作息规律，均衡、清淡饮食，进食易消化、自己喜爱的口味，少食多餐。

（3）注意与家人沟通，争取丈夫有效陪伴。

（4）不能进食，或呕吐严重导致体重下降者建议到医院就诊，评估是否需要住院治疗。

八、孕早期用药指导

孕早期阶段是胚胎细胞分化的一个非常敏感的时期，特别是孕期前 9 周，是高度致敏期，孕妈妈要引起高度重视，尽量避免擅自使用各种药物。在此期间使用药物时药物毒性能干扰胚胎、胎儿组织细胞的正常分化，任何部位的细胞受到药物毒性影响，该部位的组织或器官均有可能发生畸形。在这个阶段，用药的基本原则应该根据怀孕时间、用药原因、具体药物而定，保证用药安全。

那么孕期就不能吃药了吗？答案：当然不是，并非所有的药物都存在致畸风险。比如叶酸是胎儿发育初期非常重要的一种营养元素，可以有效预防胎儿神经管畸形，孕妇从备孕到孕早期均可以服用。而且，如果怀孕期间孕妈妈患病，疾病本身也可能会对胎儿造成影响，严重者甚至导致流产。所以生病后不能硬扛，及时去医院诊断和治疗才是正确的选择。同样，在整个孕早期，用药需注意以下几个事项。

1. 如果孕妈妈在孕前已患有糖尿病、高血压、精神类疾病、甲状腺疾病等，可孕前在医生的指导下，将治疗疾病所使用的药物调换成适合孕早期应用的药物种类及剂量。

2. 对于长期服药的孕妇，应在医生的指导下根据病情发展决定是否继续用药。切记不可随意增减或停用药物。

3. 如果孕妈妈孕期突发感冒、急性皮肤病、胃肠道疾病等情况，应及时前往医院查找原因并采取针对性的治疗措施，切记不可自行使用药物，一切用药都应在医生指导下进行。

4. 用药期间应按照剂量最小、疗程最短、疗效最好的原则使用，避免盲目大剂量、长时间使用，避免多种药物联合使用。

5. 非病情需要，尽量避免在妊娠早期用药；若病情允许，可尽量延迟到妊娠中晚期用药。

6. 用药前应仔细阅读药品说明书，尽量不用"孕产妇禁用"和"孕产妇慎用"的药。

7. 孕妈妈使用中药，必须考虑到中药对孕妇本人及胎儿的影响，以防导致胎儿畸形、流产等。凡是辛散耗气、大辛大热、滑利、祛瘀、破血、有毒的药品都应慎用或禁用。

科普小知识：孕期常见的疼痛

早期妊娠时女性往往出现胃部烧灼痛、乳房胀痛等，孕中后期腰酸背痛、耻骨疼痛、腿部抽筋也困扰着妊娠女性，这些疼痛在孕期不可避免，究竟该如何缓解呢？

（1）乳房发胀刺痛：用热毛巾敷于乳房处，能较好地防治乳房结硬块，使乳腺通畅，利于分泌乳汁；轻轻地按摩乳房，也有益于缓解疼痛。

（2）胃部烧灼痛：少食多餐，避免过饱，少食高脂肪食物、油炸食物，饭后半小时不要躺平。

（3）手指疼痛：可伴随发麻、肿胀，稍微活动手指，促进手指两侧血液循环，平时降低钠的摄入，避免过咸食物，饮食清淡；多食用含维生素 B_1 食物，如坚果、全麦谷物和绿色蔬菜。

（4）腿部抽筋：小腿抽筋时，应尽量伸直抽筋的腿部，并将脚板向自己头部方向推压，让小腿拉直；另外，孕中后期及时补钙，避免腿部受凉，按摩及热敷抽筋的腿部也能降低抽筋的发生率。

（5）耻骨痛：未孕女性耻骨间距离为 4~5mm，怀孕期间耻骨间距离增加 2~3mm。耻骨间距离只要不超过 9mm 通常不会有症状，即使有疼痛也在可以忍受的范围内；一旦超过 9mm，就属于耻骨联合过度分离，会引起较厉害的疼痛感，大多发生在孕晚期。疼痛多半是从耻骨部位延伸到髋部，部分孕妇髋关节无法内收及外展，严重时孕妈妈在床上起身或转身都会因疼痛变得相当困难。因为疼痛通常发生在起身或翻身或双腿张开时，因此建议孕妈妈避免双腿张开动作，多卧床休息，睡觉时采用侧卧位，在双腿中间放置一厚薄合适的枕头，平时站立也要避免单腿用力，建议双腿平均受力。此外，可使用托腹带减轻耻骨受压区，减轻耻骨间分离疼痛。

科普小知识：孕前 TORCH 筛查相关问题

孕妈妈在妊娠期间发生 TORCH 感染可能导致胎儿流产和出生缺陷，尤其是孕早期 TORCH 感染对胎儿的影响最大。TORCH 筛查可检测体内病原体感染后产生的免疫球蛋白 IgM

和 IgG，据此评估免疫状况。孕前筛查尤为重要，可明确备孕妇女体内是否存在相应的抗体，及时发现急性感染，确定安全妊娠时间，避免在急性感染和活动性感染时受孕，并为孕期 TORCH 筛查结果的判读提供依据。

科普小知识：照胸片后能怀孕吗？

提起"辐射"恐怕无人不知无人不晓。有不少人认为，既然辐射能致畸，手机、微波炉等到处都是辐射，所以孕妇就必须穿防辐射服，更别说做 X 线检查了。孕妇本来在中国就属于特殊群体，不能吃这个不能用那个，更别说拍片检查了。因此网传拍了 X 线后 3 个月内不能要孩子。

受了 X 线照射，真的要等到 3 个月后才能备孕？孕期拍了 X 线片后真的会影响胎儿？拍了 X 线后发现已经怀孕，真的要去流产吗？大家想必都听说过一句经典台词："脱离剂量谈毒性都是要流氓。"是的，实际上脱离剂量谈辐射也都是不科学的。X 线对于所有动物及胚胎所产生的不良影响都是有阈值的。说通俗点就是，不是接触 X 线都会受到伤害，辐射必须达到一定的程度才可能造成损伤。美国妇产科协会于 2017 年发布的相关指南中指出：X 线辐射对胎儿的影响和风险主要取决于两个因素，即胎龄和射线剂量。也就是说，不同胎龄对应不同的射线安全剂量：0~2 周，射线致畸剂量为 50~100mSV，影响后果为胎儿死亡；2~8 周，射线致畸剂量为 200mSV，影响后果为先天畸形；8~15 周，射线致畸剂量为 60~310mSV，影响后果为智力低下及畸形；16~25 周，射线致畸剂量为 250~280mSV，主要影响智力。所有胎龄里，最小影响剂量为 50mSV，也就是说，只要射线剂量小于 50mSV 就不会损伤。那么，医院的 X 线和 CT 射线剂量到底多大呢？

虽然不同情况下及不同医院的 X 线和 CT 的辐射剂量数值会有轻微变化，但变化非常小，一般情况下其辐射剂量如下：一张普通胸片的辐射剂量为 0.02mSV；一张普通牙片的辐射剂量为 0.01mSV；一张膝关节 X 线的辐射剂量为 0.005mSV；一个头部 CT 的辐射剂量为 2mSV；一个胸部 CT 的辐射剂量为 8mSV。因此，X 线或 CT 有没有影响，可想而知了吧！

扫一扫，听音频：辐射与妊娠

科普小知识：接种新冠疫苗后多久可以怀孕？

我国目前新冠疫苗接种较多的是病毒灭活疫苗，由于灭活疫苗使我们产生以体液免疫为主的免疫反应，细胞免疫弱，随着时间的推移，体内抗体滴度逐渐下降，所以需要多次接种。考虑到该疫苗接种后子代安全性的研究数据尚不充分，参考其他灭活疫苗，建议 3 个月内有生育计划的男性和女性暂缓接种新冠疫苗。如果打了新冠疫苗第一针后，发现怀孕了怎么办？目前尚无确切证据支持新冠疫苗对胎儿的影响。但从既往使用流感病毒疫苗等灭活疫苗来看，对怀孕无不良影响，建议在接种新冠疫苗后发现自己怀孕的孕妈妈，应做好密切监测，定期检查，主要是调节好心态，因为紧张担忧造成的情绪波动可能对早期胎儿影响更大。

科普小知识：感染 HPV 后还能怀孕吗？

现有的研究资料未显示 HPV 会影响胎儿的发育。但如果孕妈妈既往有 HPV 感染并发生过生殖器疣或因此而行宫颈手术治疗，请一定告诉医生，因为这些情况可能影响妊娠，在妊娠期间可能再次发生生殖器疣而影响妊娠结局及分娩方式的选择。

第三篇

孕中期健康促进

孕中期是指妊娠第 14~27 周末这段时间。

一、健康状况

（一）孕妈妈身体的变化

1. 腹部 孕早期妈妈的子宫会慢慢变大，3 个月后可以自己在耻骨联合上方扪及。孕中期子宫生长速度会加快，不同孕周子宫底增长速度不同，妊娠 22~24 周增长速度较快，平均每周增加 1.6cm。不同妊娠周数的子宫底高度及子宫长度见表 3-1。孕妈妈常在妊娠 20 周左右自觉胎动。子宫过快生长，腹部皮肤出现过度伸张，皮下的很多胶原纤维最终被拉断，部分孕妈腹部开始出现妊娠纹，一般未生过小孩的孕妈妊娠纹为红色。妊娠纹以预防为主，不能完全避免。可以在孕早期就开始用富含维生素 E 的橄榄油按摩，滋润保湿，预防干痒，使皮肤延展性变大，预防妊娠纹的发生。合理膳食使孕期体重在合理范围内增加，避免皮下脂肪过快堆积使皮肤过度拉伸，也可减缓妊娠纹的发生。

表 3-1   不同妊娠周数的子宫底高度及子宫长度

妊娠周数	手测宫底高度	尺测耻骨上子宫长度（cm）
12 周末	耻骨联合上 2~3 横指	
16 周末	脐耻之间	
20 周末	脐下 1 横指	18
24 周末	脐上 1 横指	24

续表

妊娠周数	手测宫底高度	尺测耻骨上子宫长度（cm）
28 周末	脐上 3 横指	26
32 周末	脐与剑突之间	29
36 周末	剑突下 2 横指	32
40 周末	脐与剑突之间或略高	33

2. 乳房的变化 孕中期乳房继续增大，或许有的孕妈妈乳房并没有明显变化，那是不是意味着产后没奶呢？资料统计表明，乳汁的分泌主要与体内泌乳素的分泌有关，孕期乳房即使没有长大，产后保持良好的情绪及充足的睡眠，保证均衡的饮食，让宝宝多吸奶，多数孕妈妈的乳汁是足够的。孕妈妈需选用大小合适的布类棉质胸罩，不要穿过紧的内衣，以免影响乳房发育和产后哺乳。

（二）孕中期孕妈妈不适状况

怀孕中期可以说是孕妈妈和胎宝宝都比较安定的时期，但随着肚子慢慢长大，孕妈妈的身体会出现各种不适症状，要做好应对的准备。

1. 腰痛 怀孕时要特别注意姿势的舒适。因为肚子凸出，孕妈妈要保持身体平衡，需要把腿打开一些，腹部向前推出一些，上身向后倾斜一些。随着肚子越来越大，孕妈妈身体后倾的程度会越来越厉害。长期保持这种姿势的话，孕妈妈的腰部肌肉容易紧张，久而久之导致腰痛。要减少腰痛的话，孕中期孕妈妈要注意坐姿和站姿。坐或站的时候，肩膀不要向前弯曲驼背，上身要挺直。不要坐太有弹性或没有靠背的椅子，坐在椅子上时，腰要紧贴椅背。不要站太久，避免睡太软的床。适当控制体重，尽量避免伸手超过头部取物。还可以适当按摩一下腰部肌肉，合理放松。

2. 便秘 孕中期受孕期激素的影响，孕妈妈胃肠道的平滑肌会变得缓和，肠的蠕动减弱，容易导致便秘。所以孕妇应多吃纤维素含量丰富的五谷和蔬菜，多摄取果汁和水分。远离高糖分食物并多做运动。

3. 痔疮 孕中期便秘和腹胀厉害时，容易引起痔疮。若孕妈妈便后发现擦拭纸上有血迹或感觉肛门疼痛、瘙痒等情况，很可能是患了痔疮。要缓解痔疮的话，孕妈要控制好饮食，避免便秘，排便时不要过分用力，排便后最好用水清洁肛门。也可适当温水坐浴，平时尽可能不要久站或久坐，避免下半身血液循环不畅加重病情。

4. 皮肤瘙痒 进入孕中期，部分孕妇都会出现皮肤瘙痒、发疹的情况，发病的地方主要在胸、腹、腿处。一般认为是受胎盘分泌的雌激素影响或是流汗过多所致。要缓解皮肤瘙痒症状的话，孕妇要保持身体清洁，穿棉质透气的衣服，避免睡眠不足或过度劳累，饮食上要营养均衡，避免油腻食物。如果瘙痒情况严重的话，需要根据医生处方服用药物治疗。

5. 腹痛 部分孕妈妈在孕中期会有腹部抽痛的感觉，有时还会感觉腹部有硬块。特别是在同房后，腹部抽痛的情况更严重。其实腹部抽痛的情况是因为子宫两边支撑腹部的韧带拉长所致，有时候下腹部也会出现抽痛，这种情况一般在生产后会恢复正常，无须特殊治疗。当腹部抽痛时，孕妇可以休息一下，采取舒适的姿势，腹痛情况很快就会缓解。

6. 头晕 孕中期孕妈妈头晕很可能是贫血或直立性低血压造成的。若是坐着站起来时头晕，则是由于脑供血不足所致，如果有贫血的话，症状会更加严重。当孕妇头晕时，要及时就地坐下，将头部放低，多吸气，充分休息一下，头晕的情况很快就会消失。此外，孕妈妈还可以服用铁剂，多吃含铁丰富的食物，如动物肝脏等，可改善贫血情况。

7. 反酸 孕中期孕妈妈时常感到胸口处灼热感，有酸水涌出，这是胃酸向食管逆流所产生的情况。因为孕激素使胃贲门括约肌松弛，胃内酸性内容物逆流至食管下部而产生胃烧灼感，躺下的时候酸水倒流的情况会更加严重。孕妈妈在躺下休息时可以多准备几个枕头撑起上半身，在饮食上做到少食多餐，少吃重口味、冰凉、油腻食物。

（三）孕中期睡眠

1. 孕中期睡姿　孕中期要采取什么睡姿呢？有些孕妈妈认为左侧睡是对胎儿最有益的姿势，一直保持左侧睡的方式睡觉，但其实这种做法并无科学依据。目前，尚未有任何研究能证明孕妈妈的睡姿能影响胎宝宝的健康。而事实上，人在睡觉的时候也不可能保持固定的姿势。由于平躺的时候子宫会压迫到周围的身体器官，让孕妈妈产生不适感，因此大部分孕妈妈会选择侧躺的方式睡觉。根据不同人不同的睡眠习惯，孕妈妈可以选择适合自己的睡姿，不必强求一定要左侧睡。

2. 孕中期睡眠质量差　要想睡得好，孕妈妈首先需要把卧室尽量布置得舒适，以便自己能更轻松地入睡。让房间保持通风，可采用深色的窗帘有助于屏蔽灯光和噪声，不要在卧室里摆放电视等物品。此外，饮食习惯也会影响睡眠。睡眠不好的孕妈妈最好避免喝含有咖啡因的饮料，在睡前可以喝牛奶或吃一些小零食，应避免睡前大量吃甜食。如果孕妈妈有烧心和消化不良的毛病，注意不要吃辛辣、油腻或酸性食物。晚餐后不要喝太多水，这样有助于减少夜里醒来上厕所的次数。孕妈妈平时还可以适当进行体育锻炼，这样有助于入睡。如果睡不着的话也不要有心理负担，学会放松，可以在睡前看看书、听听音乐，避免观看恐怖电影。如果孕妈妈认为自己睡眠紊乱的问题很严重，则应该去医院就诊。注意在看医生之前，不要随意服用药物。

（四）检测胎动的重要性

胎儿是一个生命，当他（她）发育到一定的阶段时就会开始活动，医学上称为胎动。初次孕育胎儿的孕妈妈一般怀孕 5 个月左右开始感到胎动，二宝妈妈可能会早一些感觉到胎动。胎动在孕 7~8 个月时最活跃、最频繁，8 个月以后胎头开始进入骨盆，胎动又逐渐减少。有的孕妈妈起初可能只觉得下腹部似乎有气泡在翻滚，有时还会认为是肠蠕动，后来才会豁然感到这就是胎动。对胎动的感觉每个人各不相同。宝宝在肚子里的这些小动作，会给妈妈的身心带来极大的快乐和幸福。在享受这一快乐的同时，别忘了应当记录一下宝宝的活动次数，这就是家庭自我监护。这样做的目的是可以早期发现胎儿宫内的异常情况，以便与产科医生联系，采取必要措施。

数胎动的方法　一般从怀孕第 28 周开始数胎动，直至分娩。每天早、中、晚固定一个自己最方便的时间数 3 次胎动，每次数一小时。数胎动时可以坐在椅子上，也可以侧卧在床上，静下心来专心体会胎儿的活动。每小时胎动≥3 次属于正常；或者把早、中、晚各 1 小时的胎动次数相加，总和乘以 4，总数应≥30 次。如果胎动过少，或者胎儿活动强度有明显改变，变得越来越弱，这说明胎儿可能有异常，应立即去医院就诊。胎动次数的正常与否，还应当与平时相比，如果平时胎动一直正常，某一天突然出现胎动明显增多或比以往明显减少，就应引起注意。胎动减少意味着胎儿可能有缺氧。因此，如每小时胎动小于 3 次，或较以往胎动减少一半，或胎儿躁动不安，均视为异常胎动，应立即就医。

二、饮食营养

（一）孕中期饮食的重要性

孕中期是胎儿生长发育的加速期，孕妈妈的热能及营养素的摄入十分重要！但不宜贪食、暴食，要做到保证母体自身的营养要求和胎儿生长发育的需求，减少妊娠反应、妊娠并发症及难产的发生，为分娩和产后哺乳做好充分的营养储备。孕中期胚胎发育阶段完成，是母亲和胎儿都已安定的时期，胎盘已形成，流产的危险性大大减少，早孕反应消失，孕妇的心情变得轻松愉快。此期胎儿的生长速度逐渐加快，体重每天增加 10g 左右，胎儿的骨骼开始钙化，脑发育也处于高峰期。孕妇的胃口开始好转，孕妇本身的生理变化使皮下脂肪的储存量增加、子宫和乳房明显增大，孕妇本身的基础代谢也增加了10%~20%（图3-1）。孕妈妈需要大量营养尤其是钙质，如果营养不足，胎儿可能缺钙。孕妇会从骨中抽出足以补充胎儿需要的钙供给胎儿生长发育，这使得孕妇本身会出现骨密度下降及缺钙的症状，应补钙（孕中期每天1000mg，孕晚期和哺乳期每天1200mg）。

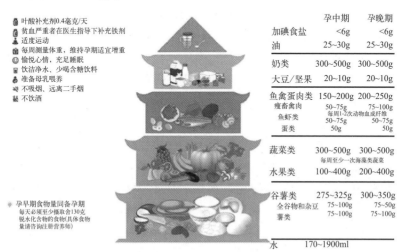

图3-1　孕期膳食宝塔

（二）孕中期膳食要点

1.适当增加鱼、禽、蛋、瘦肉等优质蛋白质的来源，妊娠中期较妊娠早期每日增加共计50g。鱼类，尤其是深海鱼类含有较多二十二碳六烯酸（docosahexaenoic acid，DHA），对胎儿大脑和视网膜发育有益，每周最好食用2~3次深海鱼类。

2.适当增加奶类的摄入。奶类富含蛋白质，也是钙的良好来源。从妊娠中期开始，每日应至少摄入250~500g奶制品，以及补充600mg的钙。

3.适当增加碘的摄入。孕期碘的推荐摄入量为每日230g，孕妇除坚持选用加碘盐外，每周还应摄入1~2次含碘丰富的海产品，如海带、紫菜等。

4. 常吃含铁丰富的食物。孕妇是缺铁性贫血的高发人群，考虑到给予胎儿铁储备的需要，孕中期开始要增加铁的摄入，可每日增加 20~50g 红肉，每周吃 1~2 次动物内脏或血液。有指征时可额外补充铁剂。

5. 坚持适量的身体活动，维持体重的适宜增长。每日进行不少于 30 分钟的中等强度的身体活动，如散步、体操、游泳等，有利于体重适宜增长和自然分娩。

6. 禁烟戒酒，少吃刺激性食物。烟草和酒精对胚胎发育的各个阶段有明显的毒性作用，因此应禁烟、戒酒。

（三）孕中期膳食

1. 孕中期的每日膳食结构　食物品种应强调多样化，主食（大米、面）350~400g，杂粮（小米、玉米、豆类等）50g 左右，蛋类 50g，牛乳 220~250mL，动物类食品 100~150g，动物肝脏每次 50g，每周 2~3 次，蔬菜 400~500g（绿叶菜占 2/3），经常食用菌藻类食品，水果 100~200g，植物油 25~40g。

2. 每日饮食"九个一"标准　推荐孕中期准妈妈每日饮食"九个一"标准：1 杯适合的奶制品、1 份粮食、1 斤蔬菜、1~2 个水果、100g 豆制品、150g 肉类、1 个鸡蛋、一定量的调味品、一定的饮水量。

3. 孕中期饮食健康提示

（1）合理分配早、中、晚餐。

（2）营养均衡、丰富多样、膳食合理（不偏食、挑食，不暴饮暴食，少吃零食，不喝碳酸饮料），不无科学依据的节食减肥。

（3）细嚼慢咽，有助于消化吸收。

（4）低盐碱、低糖、低油脂。糖代谢大量消耗钙，会影响胎儿牙齿及骨骼的发育；油条中加入的明矾中含铝，可影响胎儿的智力发育。

（5）要粗细荤素搭配，增加纤维的摄入量。

（6）少喝咖啡、茶和可乐饮料，减少咖啡因的摄入量。

（7）不吸烟、喝酒，禁止毒品。

（8）总是吃新鲜、完好的食物。限制摄入处理加工过的保存食品，如罐头中有添加剂和防腐剂，可致畸和流产。由于子宫逐渐增大，常会压迫胃部，使餐后出现饱胀感，因此每日的膳食可分4~5次，但每次食量要适度，不能盲目地吃得过多而造成营养过剩。如孕妇体重增加过多或胎儿超重，无论对妈妈还是对宝宝都会产生不利影响。另外还要注意不能过量服用补药和维生素等制剂，以免引起中毒。

4. 孕妈妈营养不足对母体和胎儿的影响

（1）对孕妈妈自身的影响：营养不足或缺失症，可导致贫血、缺钙症、低蛋白血症等；诱发妊娠并发症，例如妊娠高血压综合征、早产等；分娩时容易出现宫缩乏力，产后出血等；产后虚弱、易感染及母乳不足等。

（2）对胎儿的影响：胎儿宫内生长受限；胎儿畸形发生率及新生儿死亡增加；影响胎儿脑、智力的发育；胎儿将来患高血压、糖尿病的风险升高。

5. 孕妈妈营养过剩对母体和胎儿的影响

（1）对孕妈妈自身的影响：孕期脂肪堆积过多，产后不仅难以恢复体形，从此成为肥胖者，而且易发展成为糖尿病、高血压、高脂血症、动脉粥样硬化等慢性退行性疾病；阴道分娩时容易出现头盆不称和肩难产，增加剖宫产和产后出血的概率。

（2）对胎儿的影响：胎儿易发展为巨大儿，分娩过程中出现难产，增加新生儿窒息率，易造成产伤（锁骨骨折、臂丛神经损伤、面瘫、颅内出血）；胎儿过度生长发育，儿童期或成年后出现糖代谢异常的概率也会增加。

6. 膳食构成 ①谷类200~250g，其中杂粮不少于1/5；②薯类50g；③大豆15g，或豆制品50~100g；④鱼、禽、瘦肉交替选用150~200g；⑤鸡蛋每日1个；⑥蔬菜300~500g（其中绿叶菜和红黄色等有机蔬菜占2/3以上）；⑦水果200~400g；⑧牛奶或酸奶300~500g；⑨坚果10g。参见表3-2。

表 3-2　孕中期妇女一日食谱示例

餐次	食谱名称	原料名称和用量
早餐	豆沙包	面粉 50g,红豆沙 15g
	蒸紫薯	紫薯 50g
	卤鸡蛋	鸡蛋 50g
	鲜牛奶	牛奶 200g
加餐	水果	苹果 100g
午餐	杂粮米饭	大米 100g,杂粮 50g
	酱鸭胗	鸭胗 40g
	排骨海带汤	排骨 100g,海带 80g
	凉拌黄瓜	黄瓜 200g
加餐	酸奶	酸奶 150g
晚餐	红烧牛肉面	面粉 50g,牛肉 30g,青菜 100g
	土豆烧鸡块	土豆 50g,鸡块 50g
	炒藕片	莲藕 100g
加餐	水果	香蕉 100g
	榛子	榛子 10g
全天		植物油 25g,食用碘盐不超过 6g

三、心理调节

（一）孕中期孕妇的心理状态

经过孕前期的适应，多数孕妇对妊娠导致的生理变化逐渐适应，孕早期的一些不良症状也逐渐缓解和消退。一般情况下，孕中期孕妈妈们的心理状态比较平稳，会表现出宽容、友善、富有同情心、愿主动关心别人，对待周围的人和事更多地感受到的是美好，对生活充满了希望与期待。

（二）孕中期常见心理问题

当然，并不是所有的孕妈妈们都能平稳地度过孕中期，也有部分孕妈妈会因为这一阶段身体体重的增加、胎儿的快速成长带来身体的负重增大而感到十分辛苦；同时，这一时期也需要伴随着各种检查，如果检查结果不理想，对于孕妈妈们来说也是巨大的压力。因此，仍然会有部分孕中期的孕妈妈们出现各种情绪困扰，常见的依然是紧张、焦虑、恐惧、烦躁等，其实这些情绪困扰有可能会伴随孕妈妈整个孕产期。

（三）应对的小技巧

孕妈妈们在发现自己受到这些情绪困扰时请不要慌乱，担忧、紧张、恐惧等都是我们对未知的一种本能的反应，我们在尝试着接纳这些情绪的同时，也要尝试使这些情绪对我们的影响降低。通常我们会用到放松技术和认知调整，这两种技术在前一篇当中已经向孕妈妈们介绍过了，这一篇里我们为孕妈妈介绍的是放松训练——冥想体验。

选择此种放松技术是考虑到孕妈妈在孕中期胎儿已经成长得比较大了，采用腹式呼吸练习时腹部变化的感受并不完全明显了，所以为准妈妈介绍冥想体验的方法帮助大家放轻松，缓解情绪的紧张波动，促进孕妈妈的情绪维持在平稳状态。

放松训练——冥想体验　孕妈妈们可以按照下面的步骤练习来引导想象。

（1）身着舒适宽松少束缚的衣服，选择一个舒服的姿势躺下。如果你是孕期超过 20 周（或胎儿成长较大）的孕妈妈，可以左侧卧着，或者半躺坐着。

（2）调整呼吸，呼吸节奏逐渐放慢。

（3）感受身体是否有绷紧的地方，如果有，请尝试放松它们。

（4）在想象时继续保持平缓的呼吸。想象结束后，闭眼安静地坐躺或左侧卧几分钟，享受深层次的放松感。想象的过程可维持10 分钟左右，具体用时可根据孕妈妈们的状态和空余时间来进行适当的增减。

这时孕妈妈们肯定会有疑问，在冥想时可以引导自己想象哪些场景呢？这里提供一个场景供各位孕妈妈们参考。

引导想象场景：请想象着你正走在美丽、安静的海滩上，湛蓝的天空中飘着几朵白云，阳光明媚、温暖，你感受到轻柔的海风吹拂着你的皮肤；蓝蓝的海水，海浪轻轻地推向岸边，你光着脚丫慢慢地走在海滩上，细细地感受着脚趾间的细沙，你把忧愁抛在脑后；你的皮肤可以感受到暖暖的阳光，这一切令你平静、惬意、放松。你来到了一个安静舒适的地方，缓缓躺下来，这里有柔软的毯子，你在上面舒展开身体，静静地听着海浪拍打着海滩的声音。

你的呼吸慢慢跟随着海浪的节奏。阳光依然温暖地照在你的皮肤上。你的注意力在双脚上，感觉它变得温暖而充实。你的呼吸变得更深、更慢，阳光的温暖开始延伸至你的小腿、大腿和臀部。现在你的双腿慢慢感到了温暖、充实、放松。你听着海浪轻轻的起伏声，这个声音令你更加地平静。

现在你的呼吸更深更慢了，你感到更加平静和放松。阳光温暖地照耀着，渐渐开始由你的腿部延伸到腹部。暖意使你的腹部肌肉慢慢放松，腹部随着海浪一起一伏，你的肌肤随着腹部的起伏感受着温暖。

阳光的温暖继续蔓延，你感到阳光照耀着你的胸部，让你充满了平和与放松。现在你的腿、腹部和胸部都感到盈盈暖意和无限的放松惬意。你轻缓地呼吸着，感受着温暖一点点包围着你。

现在阳光的温暖缓缓移向你的手指，手指开始渐渐放松下来。这种感觉通过你的手向上移动，进入你的前臂和肱二头肌。你的手臂开始变得柔软放松，随着温暖的阳光照遍手臂，手臂的肌肉彻底放松了。你的呼吸变得更慢了一点，你变得更加放松、轻盈。

温暖的阳光又慢慢移向你的肩膀和颈部。随着阳光的照射，你感到肩膀和颈部微微下沉，逐渐放松了下来。你感觉从脚趾到肩膀的肌肉都很温暖、充实而放松。所有这些感受都为你带来了深层次的放松状态。这种放松流向你身体的各个部分，进入你的颈部和面部。

以上就是孕妈妈们可以为自己提供想象的一些场景，当然也可以根据自己的喜好变换场景，比如在草地上、在云朵中等等可以想象放松的空间场景。

如果想让练习效果更加有效，可以提前用平静、柔和、缓慢的声音把想象的场景描述脚本录成音频。给自己充足的时间来想象每一个部分，然后再进行想象练习。

当然，孕妈妈们在做冥想体验的时候尽量让自己不要睡着了，因为进入睡眠状态后，人的觉察能力会大幅度降低，所以尽可能控制自己在有意识的状态下进行冥想练习。

四、孕妈妈注意事项

孕中期，孕妈妈要做好乳房护理，穿着合适，注意作息规律。适当进行运动，提高身体素质。注意阴道护理和清洁，谨慎用药。

1.乳房清洁护理　进入孕中期，孕妈妈乳头的分泌物会增加。在清洁乳头时，不要硬拉，轻轻地擦拭即可。可以适当做一些乳房按摩，一天按摩一次，每次 2~3 分钟，在睡前或沐浴后做最好。但要注意不要过分刺激乳头，疲倦和腹痛的时候不要做乳房按摩。

2.穿着合适　怀孕中期后，孕妈妈的腹部开始有明显隆起，行动不便，甚至还会腰酸背痛。最好穿弹性袜及低跟鞋，将重心往后调整，让自己舒适。

3.作息规律　保证充足的睡眠和休息，进行适度的活动，均衡地摄取营养，保持精神稳定。

4.适量运动　如果身体运动量不足，孕妈妈晚上容易失眠，肥胖的可能性也会增高，造成胎儿太大而增加难产的风险。孕妈妈可以做一些孕妇瑜伽、孕妇操、散步等舒缓的运动，要坚持做，避免激烈运动。

5.避免瞬间用力的动作或震动　孕妈妈要避免腹部突然用力的动作，以免腹部受刺激。尽量不要提重物，要捡地上的东西时，动作尽量放慢，不要用弯腰而是用屈膝蹲下的姿势来捡，才不会造成腹部不适。

6.避免受寒　体温太低或刺激子宫收缩，提高早产的风险。因此，孕妈妈要注意保暖，在下雨或刮风的日子外出时要准备好外套或风衣，穿好袜子，避免受凉。

7. 注意突发事故　进入孕中期，孕妈妈的体重增加，行动变得迟缓，在过马路或在凹凸不平的路上行走时，要注意避让路过的车，走动时不要太快，避免摔倒。

五、孕妈妈及胎宝宝检查

（一）孕中期保健服务适宜技术

提供服务的时间分别在孕 16～20 周和孕 21～24 周。

1. 一般体检　测量血压、体重，验尿常规，测量宫高、胎心。体重自妊娠 13 周起平均每周增加 350g，如 1 周内体重增加达 500g 者，应引起重视；孕妇正常血压＜140/90mmHg，如血压≥140/90mmHg 或与基础血压相比升高值≥30/15mmHg 者应予以重视。

2. 产科检查

（1）测量宫高：用软尺沿腹部皮肤测量自耻骨联合上缘至子宫底的高度。腹部过大或增大过快时要注意有无羊水过多或多胎。

（2）听诊：胎心率从胎背与母体腹壁最接近的部位传出最为清晰。在孕中期时，胎儿还小，一般取左下腹或右下腹听到胎心音。到 7 个月以后，可以在摸清胎方位后取胎背部位听诊。正常的胎心率为 110～160 次/分。

3. 实验室检查

（1）尿蛋白：每次化验尿常规，必要时做 24 小时尿蛋白定量。

（2）孕 15～20 周的孕妈妈应进行孕中期唐氏筛查，可以在知情选择后抽血样送至有资质的定点医院进行筛查。

除上述检查外，医师还要根据不同孕周和具体情况，为孕妇做血液化验，主要检查血常规、血型、血糖及肝功能、乙肝表面抗原等项目。孕 18～24 周时做常规超声检查，以检测胎儿生长情况与胎龄是否相符，筛查胎儿有无明显畸形，以及胎儿、胎盘的位置。

孕 24～28 周做糖耐量筛查。孕中期产检的检查频率一般是每 4 周查一次，若有异常情况或身体条件较差的孕妈妈可能需要每两周产检一次。

（二）孕中期重要检查列举

1. 无创产前基因检测（non-invasive prenatal testing，NIPT），筛查的目标疾病为 3 种常见胎儿染色体非整倍体异常，即 21 三体综合征、18 三体综合征、13 三体综合征。适宜孕周为 12～22 周。具体可参考国家卫健委发布的《孕妇外周血胎儿游离 DNA 产前筛查与诊断技术规范》。不适用人群包括：①孕周<12 周；②夫妇一方有明确的染色体异常；③1 年内接受过异体输血、移植手术、异体细胞治疗等；④胎儿超声检查提示有结构异常须进行产前诊断；⑤有基因遗传病家族史或提示胎儿罹患基因病高风险；⑥孕期合并恶性肿瘤；⑦医师认为有明显影响结果准确性的其他情形。NIPT 报告应当由产前诊断机构出具，并由副高以上职称且具备产前诊断资质的临床医师签署。NIPT 检测结果为阳性，应进行介入性产前诊断。

2. 胎儿染色体非整倍体异常的中孕期母体血清学筛查（孕中期唐氏筛查），是指抽取孕妈妈的血清，根据血清中相关指标的升高或降低，并结合孕妈妈的预产期、年龄、体重和采血时的孕周等，计算生出唐氏儿的危险系数。孕中期唐氏筛查应在孕 15～20 周期间检查，最佳检查时间是在 16～18 周之间。

3. 羊膜腔穿刺术，检查胎儿染色体核型（妊娠 16～22 周），针对高危人群。

4. 孕中期系统彩超，主要是筛查胎儿大体表观畸形，例如先天性心脏病、唇腭裂、水肿胎、多指（趾）和外耳等方面的畸形。孕妈妈最好在孕 20～24 周前到医院进行四维彩超检查的预约。

六、身材变化的管理

1. 孕妇体重管理的重要性　孕妇体重增长可以影响母儿的近、

远期健康。近年来超重与肥胖孕妇的增加及孕妇体重增长过多增加了大于胎龄儿、难产、产伤、妊娠期糖尿病等的风险；孕妇体重增长不足与胎儿生长受限、早产儿、低出生体重等不良妊娠结局有关。因此，要重视孕妇体重管理。2009 年美国医学研究所（Institute of Medicine，IOM）发布了基于孕前不同体重指数的孕妇体重增长推荐（表 3-3），应当在第一次产检时确定孕前 BMI ［体重（kg）/身高（m）^{2}］，提供个体化的孕妇增重、饮食和运动指导。

表 3-3　孕妇体重增长推荐

孕前体重分类	BMI（kg/m^2）	孕期总增重（kg）	孕中晚期体重增加速度（平均公斤数/周）
低体重	<18.5	11.0~16.0	0.46
正常体重	18.5~24.0	8.0~14.0	0.37
超重	24.0~28.0	7.0~11.0	0.30
肥胖	≥28.0	5~9	0.22

2. 运动指导　运动是孕妇体重管理的一项重要措施，通过运动能增加肌肉力量和促进机体新陈代谢；促进血液循环和胃肠蠕动，减少便秘；增强腹肌、腰背肌、盆底肌的能力；锻炼心肺功能，释放压力，促进睡眠。根据个人喜好可选择一般的家务劳动、散步、慢步跳舞、步行上班、孕妇体操、游泳、骑车、瑜伽和凯格尔（Kegel）运动等形式。举例如下：

（1）散步：注意速度，控制在 60 米/分，每天 1 次，每次 30~40 分钟。

（2）游泳：能增强心肺功能，而且水里浮力很大，可以减轻关节负荷，消除水肿，缓解静脉曲张，不易扭伤肌肉和关节。

（3）孕妇体操：防止肌肉疲劳及功能降低，还可强健盆底肌肉，为分娩时孩子顺利通过产道做准备。

但孕期不适宜开展跳跃、震动、球类、登高（海拔 2500 米以上）、长途旅行、长时间站立、潜水、滑雪、骑马等具有一定风险的运动。凡患有妊娠合并心脏病、高血压、肝病或甲状腺疾病，有习惯性流产史，有早产症状或胎儿情况不稳定，B 超检查提示有明显异常者，如前置胎盘、羊水过多等，则不宜运动。

七、并发症的防治策略

（一）妊娠期高血压

1. 定义　妊娠期高血压指的是妊娠 20 周后静息状态下同一手臂至少测量两次，收缩压≥140mmHg，舒张压≥90mmHg。若血压较基础血压升高 30/15mmHg，但低于 140/90mmHg 时，不作为诊断依据，但需严密观察。对首次发现血压增高者，应间隔 4 小时或以上复测血压。妊娠期高血压若不严密随访并及时治疗干预，可能更快地发展成为子痫前期、子痫等，严重影响母婴健康，是孕产妇和围产儿病死率升高的主要原因。

2. 病因　子宫螺旋小动脉重铸不足；炎症免疫过度刺激；血管内皮细胞损伤；遗传因素；营养缺乏（已发现多种营养因素如低蛋白血症，钙、镁、锌、硒等缺乏与子痫前期发生发展可能有关，但是这些证据需要更多的临床研究进一步证实）。

3. 高危人群　高龄、工作紧张、初产妇、合并慢性高血压、慢性肾炎、糖尿病、营养不良、子宫张力过高（多胎、羊水过多、葡萄胎）、家族高血压史、肥胖者等。

4. 常用药物

（1）解痉药物：首选硫酸镁。硫酸镁有预防子痫和控制子痫发作的作用，适用于先兆子痫和子痫。

（2）镇静药物：镇静剂兼有镇静和抗惊厥作用，常用地西泮和冬眠合剂，可用于对硫酸镁有禁忌或疗效不明显者。分娩期应慎用，以免药物通过胎盘导致对胎儿的神经系统产生抑制作用。

（3）降压药物：收缩压≥160mmHg 或舒张压≥110mmHg 的严重高血压必须降压；收缩压≥150mmHg 或舒张压≥100mmHg 的非严重高血压建议降压；收缩压 140～150mmHg 之间，或舒张压 90~100mmHg 不建议治疗，但对并发脏器功能损害者考虑降压。妊娠前已用降压药治疗的孕妇应继续降压治疗。常用药物有拉贝洛尔、硝苯地平等。

（4）扩容药物：一般不主张扩容治疗，仅用于低蛋白血症、贫血的患者。常用的扩容剂有人血白蛋白、全血、平衡液和低分子右旋糖酐。

（5）利尿药物：一般不主张应用。

（6）适时终止妊娠：是彻底治疗妊娠期高血压疾病的重要手段。其指征包括：①妊娠期高血压子痫前期患者可以期待至 37 周终止妊娠。②重度子痫前期孕妇妊娠<24 周，经过治疗病情不稳定建议终止妊娠；孕 24~28 周根据母儿情况及当地医疗条件或医疗水平决定是否期待治疗；孕 28~34 周，若病情不稳定，经积极治疗 24~28 小时病情仍加重，促胎肺成熟后应终止妊娠；若病情稳定，考虑继续期待治疗，并建议转诊到早产儿救治能力强的医疗机构；妊娠≥34 周应考虑终止妊娠。③子痫一旦抽搐控制后考虑终止妊娠。

5. 防治策略　适当增加检查的次数及时诊断；孕期适度锻炼，合理安排休息，以保持妊娠期身体健康；肥胖患者合理饮食，控制孕期体重合理增长；低钙饮食摄入的孕妇建议每日口服补钙 1.5~2.0g；对有子痫前期高危因素的患者，可以从 11~13 周，最晚不超过 20 周开始口服阿司匹林，每晚睡前口服低剂量阿司匹林 100~150mg 至 36 周，或者至终止妊娠前 5~10 日停药。

（二）妊娠期糖尿病

1. 定义　妊娠后出现的糖尿病，称为妊娠期糖尿病（GDM）。孕早期血糖正常，孕 24~28 周 75gOGTT：空腹及服糖后 1 小时、2 小时血糖值分别低于 5.1mmol/L、10.0mmol/L、8.5mmol/L。任何一点血糖值达到或超过上述标准即诊断 GDM。

2. 高危因素

（1）孕妇因素：年龄≥35 岁、妊娠前超重或肥胖、糖耐量异常史、多囊卵巢综合征。

（2）糖尿病家族史。

（3）妊娠分娩史：不明原因的死胎、死产、流产史、巨大胎儿分娩史、胎儿畸形和羊水过多史，GDM 史。

（4）本次妊娠因素：妊娠期发现胎儿大于孕周、羊水过多；反复外阴阴道假丝酵母菌病。

3. 妊娠期糖尿病的管理 妊娠期糖尿病患者若是发生嗜睡、意识模糊，甚至晕倒的情况，需及时前往医院就诊；另外，当血糖状态不稳定，发生腹泻、呕吐时间超过 6 小时，或是血糖水平经测量后发现超过医生设定的最高限度或最低限度，也需要及时前往医院获取医生的帮助。

（1）妊娠期糖尿病日常管理：妊娠期糖尿病孕妇在医生的指导下，通常可通过改变饮食结构、增强运动的方式，降低血糖水平。孕妇应加强对妊娠期糖尿病知识的了解，消除自身的紧张、焦虑等不良情绪，在医生指导下制定个性化的饮食计划，保证进食的合理性。饮食要以清淡为主，多吃一些新鲜的水果、蔬菜，相应地增加一些红薯、紫薯、燕麦、杂粮、杂豆等粗粮的摄入量，增加优质蛋白食物的摄入，例如牛奶、豆制品、鱼肉，加强对脂肪摄入量的严格控制，切忌过量食用含糖食物，例如红糖、葡萄糖、方糖、蜂蜜、果酱、甜饮料、蛋糕、冰激凌、罐头等，烧烤类、熏制类的食物也应少吃或不吃，在保持母体营养充足的同时，维持血糖的稳定状态。

（2）适当运动：通过适当的运动调控血糖和体重，例如瑜伽、散步等。孕妈妈需保证运动量合适，以运动过程中呼吸平稳为最佳状态，进餐 30 分钟后再开始运动，而不是餐后立刻运动，运动时间要控制在半小时左右，每次运动过后休息半小时，并且对血糖和胎动的情况进行严格的监测，注意是否存在宫缩的情况。若是在运动治疗期间发生头晕、冒汗、手抖等低血糖症状或阴道出血、不正常的气促、胸痛、头痛，则应立即停止运动，并前往医院进行诊断和治疗。有心脏病、双胎妊娠、妊娠期高血压、前置胎盘、胎儿生长发育迟缓等情况的孕妈妈，则不应随意运动，而是需要在医生的指导下选择适合自己的运动，加强自我监测。

4. 妊娠期糖尿病的注意事项

（1）妊娠期糖尿病患者在医生的建议下，应选择合适的血糖监测时段和监测频率，严格按照医生的指导建议进行定期检查，每次检查时接受血压、尿液等检测，如实告知医生自己的摄入食物量、血糖水平、运动量、体重增加情况等。

（2）治疗妊娠期糖尿病的首要方法就是改变饮食方式和规律的运动，当出现治疗效果不理想的情况时，则需通过服用降糖药和注射胰岛素的方式进行治疗。

（3）孕妇应保持大便通畅，避免排便时过度用力，若是存在排便困难、大便干燥的情况，则应告知医生，在医生指导下使用软化大便的药物。

（4）切忌熬夜，远离烟酒，加强对体重的合理管控，以提高治疗效果。

5. 妊娠期糖尿病提醒 在妊娠期糖尿病治疗过程中，家庭应给予患者足够的关心和安慰，帮助孕妇消除紧张等不良情绪，使其能够树立起积极的疾病治疗观念，主动配合医生的治疗。严格按照妊娠期糖尿病的治疗原则进行饮食和运动的调整，保证良好的治疗效果，为母婴安全保驾护航。

（三）妊娠期贫血

很多人都知道，孕妈妈比较容易贫血，这是怎么回事呢？让我们先了解什么是贫血，贫血是指单位容积血液内红细胞数和血红蛋白含量低于正常。为什么孕妈妈容易贫血呢？让我们就这个问题看看下面的内容。

随着胎宝宝一天天长大，需要从孕妈妈体内"掠夺"好多营养素，才能满足生长发育的需求。因此，孕妈妈很容易缺乏各种营养，孕期贫血就是常见的营养缺乏症。贫血不仅影响孕妈妈自身的健康，更重要的是使胎宝宝的生长发育受到影响。

贫血对孕妈妈和胎宝宝来说威胁尤其大，如严重的贫血会导致胎儿缺氧，引起胎儿宫内发育迟缓、早产甚至死胎。考虑到后果严重，孕妇一定要提防贫血的发生，如在出现疲倦、乏力、头晕、耳鸣、食欲不振、消化不良、烦躁不安、注意力不能集中，以及口唇、口腔黏膜呈苍白色等情况，就该考虑可能是贫血了。等到连指甲都变薄变脆、呈现苍白色、缺少光泽，就可能已经是重度贫血了。

　　这时，有很多孕妈妈会问，只要不贫血就不用吃补铁食物或者补充剂了吧？其实这种想法是错误的。铁元素在确保向胎儿正常供氧方面起着十分关键的作用，还能促进胎儿的正常发育和生长及预防孕妈妈早产。特别是孕中期的孕妈妈，不管是否贫血，都要注意补铁。孕妈妈在孕期铁元素的需求量：女性怀孕期间铁需要量是生育期的 1.5 倍，每天大约为 27mg。补充时间：妊娠 4 个月以后，铁的需要量逐渐增加，后期则更要注意补充铁。

　　孕妈妈在孕期如何补铁元素呢？

　　1. 多吃富铁食物　从孕前及刚开始怀孕时，就要开始注意多吃瘦肉、家禽、动物肝及血（鸭血、猪血）、蛋类等富铁食物。豆制品含铁量也较多，肠道的吸收率也较高，要注意摄取。主食多吃面食，面食较大米含铁多，肠道吸收也比大米好。

　　2. 多吃有助于铁吸收的食物　水果和蔬菜不仅能够补铁，所含的维生素 C 还可以促进铁在肠道的吸收。因此，在吃富铁食物的同时，最好一同多吃一些水果和蔬菜，也有很好的补铁作用。孕妈妈最好鸡蛋和肉同时食用，提高鸡蛋中铁的利用率。或者鸡蛋和番茄同时食用，番茄中的维生素 C 可以提高铁的吸收率。

　　其实造成贫血的原因有多种，如缺铁、出血、溶血、造血功能障碍等。一般要给予富于营养和高热量、高蛋白、多维生素、含丰富无机盐的饮食，以助于恢复造血功能。

八、孕中期用药指导

　　这一时期，因为胎盘已经形成，胎儿的器官基本分化完成，并继续生长。胎儿进入了相对比较安全的阶段。在这一阶段，药物对胎儿的致畸作用明显减弱，但是有些药物仍可能影响胎儿的正常发育，孕妈妈们用药依然需要谨慎。

比如中枢神经系统，在整个妊娠期间持续分化发育，无论在哪个阶段用药，对中枢神经系统都会有影响。不合理地用药，影响不仅仅在于近期，还有出生以后的远期影响。出生以后孩子的语言能力、认知能力出现问题，多和在孕期的不合理用药有关联。所以，孕期用药需要小心谨慎，其中孕晚期是相对安全的。特别是对于哮喘、抑郁症、高血压、甲状腺功能低下等疾病，需要定期进行检查，在医生指导下用药。在怀孕中期，也要定期做妇科及产科检查，查看胎儿发育情况，多补充维生素、钙剂，多吃蔬菜、水果，防止便秘，增加营养等。在这一阶段，胎儿的抗药能力增强，但不可放松警惕，对于明确标有"孕妇禁用"字眼的药品，依然要远离。即使用药，也需在医生综合评估后，使用对胎儿安全无害的药物。

科普小知识：无创 DNA 检查没有问题就能排除胎儿畸形？

无创产前筛查也称为无创产前 DNA 检测。其检测原理是基于母体血浆中含有胎儿游离 DNA，通过采集孕妇外周血，利用新一代高通量测序技术对母体外周血浆中的游离 DNA 片段（包括胎儿游离 DNA）进行测序，并进行生物信息学分析，得出胎儿患 21 三体综合征、18 三体综合征、13 三体综合征的风险率，从而预测胎儿患这三种综合征的风险。

技术特点：无创产前筛查的优势在于其无创性，不会增加胎儿的丢失率，且相对血清生化筛查，敏感性和特异性高，对于单胎 21 三体综合征的检出率高达 99% 以上，且假阳性率低。

检查时机：孕 10 周起即可做 NIPT 检测，最佳孕周为 12~22 周。

注意事项：①NIPT是产前筛查方法，而非产前诊断方法，不能取代传统的产前诊断方法。对于检测结果高风险者，需提供遗传咨询及入侵性产前诊断方法以明确诊断，而不能仅依据NIPT的结果做出终止妊娠的临床决定。②NIPT检测的孕妇血液中的胎儿游离DNA并不是来自胎儿本身，而是来自胎盘，存在一定的假阳性，其原因包括胎盘嵌合体，双胎之一消失和母体肿瘤等。③对于双卵双胎，NIPT检测只能筛查整体风险，却无法明确具体哪一胎风险高，需做进一步入侵性产前诊断以明确诊断。④以下情况不建议NIPT：染色体异常胎儿分娩史，夫妇一方有明确染色体异常的孕妇；孕妇1年内接受过异体输血、移植手术、细胞治疗或接受过免疫治疗等对高通量基因测序产前筛查与诊断结果将造成干扰的；胎儿影像学检查怀疑胎儿有微缺失微重复综合征或其他染色体异常可能的；各种基因病的高风险人群。

科普小知识：羊水穿刺是什么？

超声介导下的羊膜腔穿刺术（amniocentesis）是目前应用最广泛、相对安全的介入性的产前诊断技术。

适应证：需抽取羊水，获得其中的胎儿细胞或胎儿DNA进行遗传学检查。

禁忌证：①孕妇有流产征兆；②孕妇有感染征象；③孕妇凝血功能异常。

手术时机：羊膜腔穿刺术一般在孕16周后进行，孕16周前进行羊膜腔穿刺术可增加流产、羊水渗漏、胎儿畸形等风险。

术前准备：①术前复核手术指征，向孕妇及家属告知手术目的及风险，签署手术知情告知书；②完善术前检查，如监测孕妇生命体征，检查血常规、凝血功能，检查胎心等。

手术方法：孕妇排空膀胱后取仰卧位，腹部皮肤常规消毒铺巾，实时超声评估胎儿宫腔内方位及胎盘位置，确定穿刺路径，在持续超声引导下，使用带有针芯的穿刺针经皮穿刺进入羊膜腔，注意避开胎儿、胎盘和脐带。拔出针芯，用5mL针筒抽吸初始羊水2mL，弃之，以避免母体细胞污染标本。换针筒抽取所需羊水，用于实验室检查。术后观察胎心变化，注意腹痛及阴道流血。

手术并发症：羊膜腔穿刺术并发症相对少见，包括胎儿丢失、胎儿损伤、出血、绒毛膜羊膜炎、羊水泄漏等，其中胎儿丢失风险为0.5%左右，阴道见红或羊水泄漏发生率为1%~2%，绒毛膜羊膜炎的发生率低于0.1%。

注意事项：①严格无菌操作，以防感染；②不要在宫缩时穿刺，警惕羊水栓塞的发生，注意孕妇生命体征变化，有无咳嗽、呼吸困难、发绀等异常；③尽可能一次成功，避免多次操作，最多不超过3次；④注意避开肠管和膀胱；⑤Rh阴性孕妇羊水穿刺术后需要注射Rh免疫球蛋白。

扫一扫，听音频：羊水穿刺

孕晚期健康促进

第四篇

一、健康状况

（一）孕妈妈身体的变化

1. 胎动 随着孕周增加，到了孕晚期胎动逐渐加强，至妊娠32~34周达高峰。孕妈妈们偶尔会看见腹部鼓起一个大包块，那是宝宝在肚子里舒展身体。妊娠38周后由于胎儿变大，活动空间相对减少，胎动逐渐减少。

2. 腹部增大 孕晚期随着孕周增加，子宫进一步增大，36周末子宫宫底可在剑突下两指扪及。由于子宫增大，皮肤过度牵拉及内分泌水平的影响，孕妈妈们可能会在胸、腹、臀部及四肢近端出现妊娠纹，初为淡红色，产后半年到1年可变为稳定的白色，一旦形成终身不消退。

3. 子宫收缩 孕晚期由于增大的胎儿会使子宫变得敏感，孕妈妈偶尔会感觉肚子发紧发硬，没有疼痛的感觉，这是正常的假性宫缩。但若出现宫缩频繁，伴有疼痛感，一定要到医院及时检查，以免早产。

4. 母体内各器官系统继续发生代偿性改变的症状

（1）身体肿胀：由于子宫增大，导致下肢静脉回流受阻，以及体内激素水平的变化容易引起水钠潴留，大部分孕妇会出现双下肢轻微水肿，感觉鞋子穿起来发紧了，踝关节轻微凹陷性水肿。这属于正常的生理现象，若非合并高血压、蛋白尿、肾炎等病理因素所致，产后会逐渐恢复正常。

（2）便秘：孕晚期由于雌孕激素水平的进一步升高，以及增大的子宫压迫肠道，胃肠道动力减弱，加上孕晚期运动不便，活动量减少，孕妈妈更容易出现便秘。

（3）身体疲乏：孕晚期孕妈妈们经常感觉到疲惫，这属于正常现象。这是由于腹部增大明显，体重及血循环的增加，进一步增加了身体的负担，部分患者由于缺乏维生素 B_1 及贫血，疲惫症状会加重。

（二）胎宝宝的生长发育

随着孕周的增大，孕宝宝不但长大了，各器官也逐渐发育完好。孕晚期胎宝宝发育情况见表4-1。

表4-1　孕晚期不同孕龄胎儿发育情况

孕周	宝宝身长（cm）	宝宝体重（g）	外观及其他特征
28周末	35	1000	开始有呼吸运动了。此时的胎儿已经能听到外界的声音
32周末	40	1700	已经能辨认和跟踪光源,对声音也开始有所反应
36周末	45	2500	皮下脂肪较多,毳毛较少,指(趾)甲达指(趾),出生后能啼哭及吸吮,生活力良好
40周末	50	3400	发育成熟,皮肤呈粉红色

二、饮食营养

（一）孕晚期饮食的重要性

孕晚期是胎儿在宫内发育最快的时期，孕妈妈的营养直接影响到胎儿的出生体重大小。由于此期胎儿发育较孕中期更快，同时孕妇体重增加较多，且要为分娩后泌乳做营养储备，因此孕晚期胎儿和孕妇均对营养需求更高。孕7~9个月胎儿体内组织、器官迅速增长，脑细胞分裂增殖加快，骨骼开始钙化，同时孕妇子宫增大、乳腺发育增快，对蛋白质、能量及维生素和矿物质的需要明显增加。

孕晚期的饮食原则同孕中期，主要是增加钙、蛋白质和能量的供给。孕晚期奶类推荐较孕早期增加 200g/d，动物性食物（鱼、禽、蛋、瘦肉）较孕早期推荐摄入量增加 125g/d，钙推荐摄入量达到 1000mg/d。孕晚期每周监测体重，维持体重适宜增长，每周体重增长控制在 0.25~0.5kg，根据不同的孕前状态控制整个孕期体重增长，孕前标准体重的孕妇，整个孕期体重增长应控制在 11.5~16kg 内。

（二）孕妈妈营养不足对母体和胎儿的影响

1. 对孕妈妈的影响 孕晚期孕妈妈营养不足可造成营养透支，危及自身及胎宝宝的健康和分娩安全，还可造成分娩后乳汁分泌量减少、乳汁质量低下等。同时可能造成孕妈妈并发症的发病率增加，如妊娠期高血压、胎膜早破等。

2. 对胎宝宝的影响 孕晚期妇女营养不足可直接造成新生儿出生体重不足，出生时就可能出现营养不良，危及新生儿健康甚至生命。如维生素 B_1 的缺乏，不仅会造成新生儿的食欲低下，影响生长发育，甚至可能出现婴儿脚气病危及新生儿生命；钙的缺乏影响新生儿骨骼发育，可造成佝偻病等。

（三）孕妈妈营养过剩对母体和胎儿的影响

1. 对孕妈妈自身的影响 孕晚期孕妈妈营养过剩的一个直接后果就是导致肥胖，不仅影响产后体形的恢复，且会增加妊娠综合征的发生危险，还可能导致巨大儿出生，增加难产，容易出现产伤。

2. 对胎宝宝的影响 孕晚期孕妈妈营养过剩极容易导致体内胎儿营养过剩，造成巨大儿的出现，增加分娩困难的风险；巨大儿出生后容易发生低血糖、低血钙、红细胞增多症等，同时也是成年后患肥胖、糖尿病、心血管病的潜在因素。

（四）孕晚期膳食要点

1. 补充长链多不饱和脂肪酸 长链多不饱和脂肪酸有利于胎儿

大脑细胞分化，有助于胎儿视神经和智力发育。

2. 增加钙的补充 孕晚期的胎儿骨骼开始钙化，需要足够的钙，如果摄入不足，会导致孕妇体内钙转移到胎儿，造成孕妇脱钙。

3. 适当摄入富铁食物 由于红肉、动物血、肝脏中含铁比较丰富，且其中的铁吸收率较高，故建议孕晚期孕妈妈每周增加 1~2 次动物肝脏和血的摄入，每次 20~50g，以满足孕晚期孕妈妈对铁的需要及储备。

4. 适量身体活动，保证适宜的体重增长 孕晚期孕妈妈每天应进行 30 分钟中等强度的身体活动，可明显加快心率，主观感觉稍疲倦，但 10 分钟左右可得以恢复即可。

（五）膳食构成

1. 谷类 200~300g，其中杂粮不少于 1/5。

2. 薯类 50g。

3. 蔬菜类 300~500g。

4. 水果类 200~400g。

5. 鱼、禽、肉类每天总量为 200~500g。

6. 牛奶或酸奶 300~500g。

7. 大豆类 15g，或豆制品 50~100g。

8. 坚果 10g。

9. 每日鸡蛋 1 个。

可参考表 4-2。

表 4-2　孕晚期妇女一日食谱示例

餐次	食谱名称	原料名称和用量
早餐	鲜肉包	面粉 50g，猪肉 15g
	蒸芋头	芋头 60g
	卤鸡蛋	鸡蛋 50g
	凉拌三丝	海带 10g，胡萝卜 10g，莴笋 10g
	鲜牛奶	牛奶 250g

续表

餐次	食谱名称	原料名称和用量
加餐	苹果	苹果 100g
午餐	杂粮米饭	大米 100g,杂粮 50g
	西红柿鸡蛋汤	西红柿 50g,鸡蛋 50g
	糖醋排骨	排骨 100g,糖 10g
	清蒸钳鱼	钳鱼 60g
	清炒小白菜	小白菜 200g
加餐	水果	甜橙 100g
晚餐	杂粮馒头	面粉 50g,玉米面 50g
	虾仁豆腐	虾仁 50g,豆腐 80g
	山药炖鸡	山药 100g,鸡 50g
	清炒菠菜	菠菜 100g
加餐	酸奶	150g
	水果	猕猴桃 10g
	核桃	100g
全天		植物油 25g,食用盐 5g

三、心理调节

(一) 孕晚期心理特征

分娩是女性生命中的一件重大应激事件，与孕前中期不同的是，孕晚期的孕妈妈会把精力集中在即将降生的宝宝和未来的看护上，此时孕妇的思维中幻想成分减少，现实性增加，往往既有即将做母亲的喜悦，又有孩子是否畸形、是否聪明健康的忧虑，有对身体是否发生变化的担心，还有临近分娩面对未知的焦虑。在这个过程中很容易发生焦虑、担忧甚至是抑郁的心理变化。虽然妊娠的心理反应过程不像妊娠生理时间表那样明确，但也有一定的规律可循。孕妇在孕晚期，心理变化通常是以生理变化为基础，与生理变化联系在一起，因此可以根据妊娠生理时间表来觉察自己的心理变化。

进入孕晚期（怀孕 28 周至分娩）后，由于胎儿的发育迅速，孕妇在身心上也随之产生变化。在生理上，孕妇时常会感觉腰痛、尿频、呼吸困难、腿部麻痹、睡眠困难等症状，这让孕妇的心情容易烦躁不安。同时，身体的沉重、行动的笨拙及容貌的变化让孕妇自我感觉越来越差。思想上，随着孕晚期的到来，胎动强度逐渐减弱，但不少孕妇缺乏一定的医学知识，担心胎动减弱是孩子的发育缺陷所致。这种想法也会使孕妇在无形中产生焦虑情绪。

临近分娩期时，面对分娩过程中的各种不确定因素，孕妇常常产生不安和惊慌的情绪。对大多数产妇而言，分娩既有冒险的感觉，令人兴奋，也有身处悬崖边的感觉，对分娩充满了恐惧，不少孕妇想极力搜寻和求证有关分娩的信息和知识，让自己心安，当得到许多有关分娩的负面信息后，对分娩更紧张、恐惧。也有不少产妇徘徊在阴道产与剖宫产的选择上，由于不知如何选择而产生焦虑情绪。

分娩中，产妇面对产房中严肃的医生护士、陌生的生产环境、冰冷的手术器械、周围产妇痛苦的呻吟或喊叫，精神上更为紧张、恐惧心理更加强烈。有些产妇因害怕分娩疼痛、出血及难产而出现恐惧焦虑情绪，使产妇失眠、食欲下降，引起疲劳、脱水和体力消耗。

（二）孕晚期常见心理问题

1. 孕妈妈过度恐惧出现畸形儿的表现

（1）频繁去医院产检，无缘由地担心胎儿异常，尽管产检后显示胎儿无异常，仍然疑心重重。

（2）害怕听到与畸形儿有关的新闻和报道，避免与亲朋好友谈论畸形儿话题，或无休止地谈论。

（3）经常陷入生出畸形儿的可怕想象中，做关于畸形儿的噩梦。

（4）认为胎儿畸形已经是确信无疑将会发生的事，感到悲痛绝望。

2. 面对分娩，产妇过度惧怕和恐惧的表现

（1）无缘由地担心难产，经常陷入对难产的可怕想象中，认为难产已经是确信无疑将会发生的事，甚至严重影响了正常的衣食住行。

（2）害怕胎儿性别与自己的期望不相符合，害怕生女儿，受到家庭的冷暴力。

（3）过于害怕疼痛，对疼痛过于敏感或无法接受。担心分娩的环境和人物过于陌生。

（4）担心分娩后有后遗症，或胎儿生下后无法存活、无人照顾、经济匮乏等。

3. 孕期抑郁情绪的表现

（1）孕妇表现出明显的心情低落、兴趣减退、动力缺乏，严重者还会出现自残、自杀的念头与行为。

（2）注意力无法集中、记忆力减退、反应迟钝。

（3）没有缘由地想哭，情绪起伏大。出了一点小错，就容易产生内疚、自责、恐惧、慌张、脾气暴躁的情绪障碍。

（4）非常容易疲惫，或持续的疲惫。

抑郁情绪在孕期及产后出现的比例较高。针对不同程度的抑郁情绪，应对的方法也是有差异的，我们需要积极地探索方法来进行调整。具体在什么情况下准妈妈的抑郁情绪需要专业人员的帮助？针对这个问题可以阅读第九篇的相关内容。

（三）应对技巧

1. 了解科学的生育知识，降低焦虑　在怀孕前后，尽可能多地收集优生优育的信息，从中国优生优育协会网站、专业的育儿书籍、医院举办的讲座等权威渠道获取相关知识、技巧。尽量将更多关注点放在积极的信息上。充分、积极的准备能增强孕妇的控制感，从而产生"我已准备充分，没有问题"的积极心理暗示。

2. 自我放松，缓解焦虑　孕妇有意识的自我放松，可以缓解焦虑。一方面，多与其他孕妇或有生育经验的妈妈交流，彼此鼓励，情感共鸣的同时还可以开阔视野，增长育儿知识。另一方面，可以通过多做一些自己感兴趣的事情来转移注意力。例如，听听轻音乐，看看搞笑视频，适当的体育运动，既可以放松心情，也对胎儿的发育有好处。也可以继续采用之前为大家介绍的放松训练方法，如腹式呼吸、冥想体验等。

3. 丈夫做好心理陪护，增加妻子的安全感　通常，我们对准妈妈的身体较为关注、照顾有加，但是对孕妇的心理陪护却常常忽视。实际上，怀孕并非准妈妈一个人的事情，而是全家人的事情，尤其是夫妻两人共同的大事。如果丈夫能意识到这一点，在孕晚期对妻子有足够的耐心与爱心，对妻子的情绪给予包容与疏导，与妻子在情感变化上保持一致，这能给孕妇带来极大的安全感，对妻子焦虑的心情有着根本性的缓解。

4. 寻求专业人员帮助　在孕晚期，家人应该警惕孕妈妈出现异常行为与心理。若发现孕妇患上了孕期抑郁，应寻求专业人员的帮助，尤其是专业心理治疗师的帮助，专业的心理治疗师会根据准妈妈的病情诊断和具体情况采用不同的治疗方法。

四、孕妈妈注意事项

1. 按时产检　按照产检本及医生的医嘱准时产检，整个孕期规律产检至少 9 次，其中孕早期的畸形筛查及孕中期系统超声需要孕妈妈们重视，提前预约，以免错过。

2. 注意胎动　胎动的正常范围为 30~50 次/天。记录胎动的方法：早、中、晚各数 1 个小时，然后将 3 个小时的胎动相加再乘以 4 即每天 12 小时的胎动数，不低于 30 次即为正常；若小于 20 次，说明胎动异常；若小于 10 次，说明可能出现胎儿宫内缺氧。后两种情况应立即到医院检查。

3. 慎用药物　这个时期用药的危险性虽然明显低于孕早期及孕中期，但由于缺乏案例，现有研究证明某些药物使用后会增加宝宝成年后的患病风险，故建议非必要不盲目用药，及时就医，在医生指导下用药。

4. 禁止房事　孕晚期应禁止房事，避免早产，尤其是 34 周前，新生儿存活概率有限。

5. 注意睡姿　孕晚期建议选择左侧卧位的睡姿。因为若选择平卧位或仰卧位，因子宫压迫下腔静脉导致下肢静脉回流受阻，回心血量不足，孕妇可能出现低血压，出现恶心、头晕、心悸等不适，甚至发生胎盘早剥。部分孕妇习惯右侧卧位，若无不适，无须矫正。

6. 注意饮食，控制体重　尤其是孕中晚期，注意膳食均衡及坚持适当的锻炼，若体重增长过多会增加妊娠期相关疾病，且增加分娩风险及困难。建议孕中晚期每天应进行 30 分钟中等强度的身体活动，一般活动后的心率达到最大心率的 50%~70%（最大心率=220-年龄）。

五、孕妈妈及胎宝宝检查

孕妈妈整个孕期的基础检查见表 4-3。

表 4-3　孕晚期检查项目

孕检时间	常规保健	必查项目	备查项目
28~32^{+6} 周	血压、体质量、宫底高度、胎心率、胎位	产科超声检查、血常规、尿常规	肝功、肾功、心电图
33~36^{+6} 周	血压、体质量、宫底高度、胎心率、胎位	尿常规	GBS 筛查；肝功、血清胆汁酸检测、胎心监护，高危患者复查心电图
37~41 周	血压、体质量、宫底高度、胎心率、胎位	产科超声检查、胎心监护（每周 1 次）	子宫检查

扫一扫，听音频：胎心音

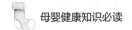

六、并发症的防治策略

（一）早产

1. 定义　早产是指妊娠满 28 周至不满 37 周。

2. 病因　高危因素包括：既往晚期流产史；妊娠间隔时间过短；孕中期发现子宫颈长度<25mm；孕妈妈有子宫颈手术史；孕妇年龄不到 17 岁或超过 35 岁；孕妈妈过度消瘦及其他妊娠合并症。

3. 防治策略　做好孕前保健，有高危因素的孕妈妈提前就医评估并进行相应处理，积极控制原发疾病，如高血压、糖尿病、甲状腺功能亢进、红斑狼疮等。建议妊娠间隔时间大于半年；18～34 岁之间备孕，备孕期间不用致畸药物。怀孕后定期产检，必要时行宫颈环扎术。

（二）胎盘早剥

1. 定义　妊娠 20 周后或分娩时，正常位置的胎盘于胎儿娩出前，全部或部分从子宫壁剥离，称为胎盘早剥。

2. 病因　发生机制目前尚不清楚。可能与妊娠期胎盘血管病变、脐带绕颈等机械性原因及妊娠晚期或临床后子宫血流异常相关。其中高龄孕妇、经产妇、吸烟饮酒的孕妇发生概率相对增加。既往有子宫肌瘤、宫内感染或胎盘早剥病史的孕妈妈尤其要注意。

3. 防治策略　胎盘早剥一旦发生危及母儿性命，故早期发现最为重要。建议规律产检，尤其有高危因素的孕妈妈，一旦发生持续腹部发紧或腹痛应立即就医。

（三）胎儿窘迫

1. 定义　胎儿在子宫内因急、慢性缺氧危及其健康和生命者，称为胎儿窘迫。

2. 病因 母体血液含氧量不足、母胎间血氧运输或交换障碍及胎儿自身因素异常均可导致胎儿窘迫的发生。其中常见高危因素有前置胎盘、胎盘早剥、缩宫素使用不当、麻醉及镇静药物过量、脐带打结或扭转、妊娠期高血压、糖尿病等。

3. 防治策略 急性胎儿窘迫常发生在分娩期，应持续胎心监护，及早发现，及时终止妊娠。慢性胎儿窘迫多发生在妊娠晚期，主要是治疗原发疾病，监测胎动，定期胎心监护，尽量延长孕周，适时终止妊娠。

（四）妊娠期肝内胆汁淤积症

1. 定义 妊娠期肝内胆汁淤积症是一种特发于妊娠中、晚期的疾病，临床以皮肤瘙痒、肝内胆汁淤积所致的生化指标异常为主要表现，临床表现及生化指标产后迅速消失或恢复正常。

2. 病因 目前病因尚不清楚，可能与雌激素、遗传、环境等因素有关。

3. 防治策略 孕前控制体重及尽量避免雌孕激素药物的应用。孕期适当运动维持体重缓慢增长；一旦出现皮肤瘙痒甚至黄疸，立即就诊。

（五）胎膜早破

1. 定义 胎膜破裂发生在临产（就是规律宫缩伴宫颈口扩张）前称为胎膜早破。

2. 病因 生殖道感染、多胎妊娠、羊水过多、胎位异常、头盆不称等；妊娠晚期性生活频繁、羊膜腔穿刺并发症等。

3. 防治策略 孕期避免性生活频繁，尤其是孕晚期。若有阴道瘙痒、分泌物增多伴异味等下生殖道感染的迹象，及时就医治疗。一旦发生胎膜早破，建议臀高头低位，立即到就近医院就医。

（六）过期妊娠

1. 定义 月经周期规律，妊娠达到或超过 42 周尚未分娩者，称为过期妊娠。

2. 病因 大多数病因不明。初产妇、既往有过期妊娠史、男性胎儿、孕妇肥胖等发生的概率大。

3. 防治策略 孕早期到医院明确妊娠部位及超声检查，核实孕周建档，并规律随访，尤其是 41 周未临产的孕妈妈，要及时到医院就诊。

七、孕晚期用药指导

在孕晚期的时候准妈妈们可以服药，药物对宝宝造成的影响比较小。因为这个时候宝宝身体各器官已经基本发育完全，对于药物的敏感性降低，所以不会出现明显致畸状况。但是需要注意的是，在孕晚期，胎盘逐渐成熟并开始走向退化，宝宝的安全屏障因此在逐渐削弱，在这个时候如果药物使用不当依然可能对宝宝的健康造成损害。

在此期间，如果准妈妈生病，出现感冒、发烧、咳嗽等情况，就要及时去医院检查，在医生的指导下用药，不能硬抗。在整个孕期，准妈妈都一定要多饮水，在饮食上多吃一些青菜和水果，避免辛辣食物，以免引起便秘。值得注意的是，很多准妈妈在孕期都存在便秘和痔疮的情况，临床上多用太宁栓（就是复方角菜酸酯栓）治疗便秘、痔疮，此类药物在孕期使用十分安全；另外，服用乳果糖口服溶液治疗便秘，在孕期也是安全的。一些缓解肌肉、软组织疼痛的药物，比如扶他林软膏，它的成分是双氯芬酸二乙胺，在孕早期、中期外用且用量小，对胎儿影响不大。但是在孕晚期需要禁用，因为会造成准妈妈在分娩时肌无力的状况。

总之，孕妇遇到身体不适，无须过度忍耐，以免延误病情，要及时就医，在医生的指导下安全使用药物才是正确的选择。

科普小知识：怎样才知道自己马上要生了？

分娩发动前，往往会出现一些预示即将临产的症状，例如胎儿下降感、不规律宫缩痛（多见于夜间）及阴道少量出血（见红），其中比较可靠的是见红。见红后 24 时~48 小时内即将发动分娩。这是由于成熟的子宫下段及宫颈不能承受宫腔内压力而被迫扩张，使宫颈内口附着的胎膜与该处的子宫壁分离，毛细血管破裂而少量出血；血色鲜红，量少，不伴疼痛及宫缩；若阴道流血较多伴血凝块或腹痛，需立即到医院处理。

科普小知识：胎位不正常怎么办？

胎位异常包括头先露异常、臀先露及肩先露。头先露异常最常见，但由于在整个生产过程中头部旋转向下，孕晚期未发动分娩难以明确。其次是臀先露，占足月分娩的 3%~4%，妊娠 30 周前，臀先露多能自行转为头先露，无须处理。若孕 30 周后认为臀先露应予矫正。矫正方法：①胸膝卧位：孕妇排空膀胱，松解裤带，胸膝卧位如图 4-1 所示，每日 2~3 次，每次 15 分钟，连续做 1 周后复查。这个体位能使胎儿臀部退出盆腔，以利于胎儿借助重心改变自然完成头先露的转位。②激光照射或艾灸至阴穴（足小趾外侧趾甲角旁 0.1 寸），每日 1 次，每次 15~30 分钟，5~7 次为 1 个疗程。③外转胎位术：上述方法无效，腹壁松弛、有意愿顺产且无禁忌的孕妇，宜在孕 32~34 周进行，外转胎位术有诱发胎膜早破、胎盘早剥及早产的风险，应谨慎，操作步骤包括松动胎先露和转胎，术前做好紧急剖宫产准备，术中严密监测胎心及孕妇情况，术后需明确胎位及有无胎盘早剥的征象。如图 4-2 所示。关于肩先露，发生的概率较低，占足月分娩总数的 0.25%，顺产风险高，一般情况需要进行剖宫产。

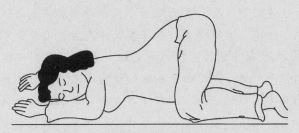

图 4-1　胸膝卧位

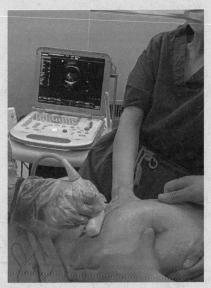

图 4-2　外转胎位后再次超声

第五篇 围生期健康促进

一、产前保健

（一）产前保健概述

围生期是指从妊娠满 28 周（胎儿或新生儿出生体重 1000g 以上）至产后 7 天。围生期保健包括产前、产时、产后。围生期中产前指孕 28 周到分娩前的一段时间。围产保健即运用围产医学的理论、适宜技术和工作方法，以孕产妇及胎婴儿为主体，以保障母子健康、促进两代人的生命质量为目标，提供以生理、心理、社会适应为目标的综合保健服务。

（二）围生期产前的健康检查

1. 孕晚期保健 指孕 28~40 周的孕期保健。孕 28 周后每两周检查 1 次，36 周后每周检查 1 次，如属高危应当增加检查次数。

（1）妊娠 28~32 周产前检查，检查项目：①血常规；②尿常规；③超声检查：胎儿生长发育情况、羊水量、胎位、胎盘位置等。

（2）妊娠 33~36 周产前检查，检查项目：①妊娠 32~34 周检查肝功能、血清胆汁酸检测；②妊娠 32~34 周后可开始电子胎心监护，复查尿常规，心电图；③妊娠 35~37 周做 B 族链球菌（GBS）筛查。

（3）妊娠 37~41 周产前检查，检查项目：①超声检查［评估胎儿大小、羊水量、胎盘成熟度、胎位，有条件者可检测脐动脉收缩期峰值和舒张末期流速之比（S/D 比值）等]；②NST 检查（即无应激试验，每周 1 次）。

2. 孕期保健指导 注意休息，避免重体力劳动，预防早产。加强营养，必要时补充营养物质如钙、铁等。合理乳房护理，了解母乳喂养的好处，做好临产前的准备，了解临产征兆。

（三）如何选择产检分娩医院

应根据自己孕期产检情况，产检时医生给你评估的高危因素和高危预警分级，来选择适合自己的分娩医院。

1. 妊娠风险评估分级 按照风险严重程度分别以"绿（低风险）、黄（一般风险）、橙（较高风险）、红（高风险）、紫（传染病）"5 种颜色进行分级标识。

（1）绿色标识：妊娠风险低。孕妇基本情况良好，未发现妊娠合并症、并发症。

（2）黄色标识：妊娠风险一般。孕妇基本情况存在一定危险因素，或患有孕产期合并症、并发症，但病情较轻且稳定。

（3）橙色标识：妊娠风险较高。孕妇年龄≥40 岁或 BMI≥28，或患有较严重的妊娠合并症、并发症，对母婴安全有一定威胁。

（4）红色标识：妊娠风险高。孕妇患有严重的妊娠合并症、并发症，继续妊娠可能危及孕妇生命。

（5）紫色标识：孕妇患有传染性疾病。紫色标识孕妇可同时伴有其他颜色的风险标识。

医疗机构根据孕产妇妊娠风险评估结果，在《母子健康手册》上标注评估结果和评估日期。

2. 妊娠风险管理

（1）对妊娠风险分级为"绿色"的孕产妇，可到就近医院分娩。

（2）对妊娠风险分级为"黄色"的孕产妇，应当建议在二级以上医疗机构接受孕产期保健和住院分娩。如有异常，应当尽快转诊到三级医疗机构。

（3）对妊娠风险分级为"橙色"的孕产妇，应当建议在县级及以上危重孕产妇救治中心接受孕产期保健服务，有条件的原则上应当在三级医疗机构住院分娩。

（4）对妊娠风险分级为"红色"的孕产妇，应当建议尽快到三级医疗机构接受评估以明确是否适宜继续妊娠。如适宜继续妊娠，应当建议在县级及以上危重孕产妇救治中心接受孕产期保健服务，原则上应当在三级医疗机构住院分娩。

（5）对妊娠风险分级为"紫色"的孕产妇，应当按照传染病防治相关要求进行管理。

（四）产前准备

1. 如何判断临产

（1）先兆临产：分娩发动前，往往出现一些预示即将临产的症状，如不规律宫缩、胎儿下降感及阴道少量淡血性分泌物（俗称见红），称为先兆临产。

1）不规律宫缩：又称假临产（false labor）。分娩发动前，由于子宫肌层敏感性增强，可出现不规律宫缩。其特点包括：①宫缩频率不一致，持续时间短、间歇时间长且无规律；②宫缩强度未逐渐增强，常在夜间出现而于清晨消失；④不伴有宫颈管短缩、宫口扩张等；⑤给予镇静剂能将其抑制。

2）胎儿下降感（lightening）：由于胎先露部下降入盆衔接使宫底降低。孕妇自觉上腹部较前舒适，下降的先露部可压迫膀胱引起尿频。

3）见红（show）：分娩发动前24时~48小时内，因宫颈内口附近的胎膜与该处的子宫壁分离，毛细血管破裂而少量出血，与宫颈管内的黏液相混合呈淡血性黏液排出，称见红，是分娩即将开始的比较可靠的征象。若阴道流血较多，量达到或超过月经量，应考虑是否为病理性产前出血，常见原因有前置胎盘或胎盘早剥。

（2）临产诊断：临产（labor）的重要标志为有规律且逐渐增强的子宫收缩，持续30秒或以上，间歇5~6分钟，同时伴随进行性宫颈管消失、宫口扩张和胎先露部下降。用镇静剂不能抑制临产。确定是否临产需严密观察宫缩的频率、持续时间及强度。

2. 入院需要准备物品 见表 5-1。

表 5-1 待产物品

证件	①夫妻双方身份证原件及复印件；②产妇医保卡原件、复印件；③准生证原件；④母子健康手册及既往检查报告单
生活用品	①毛巾、被子、牙刷、脸盆；②防滑拖鞋、吸管、保温杯、餐巾纸；③产妇换洗衣物；④一次性产褥垫；⑤卫生巾
食物	①补充体力的饮料；②产妇喜欢的食品(少量、易消化)
宝宝用品	①婴儿衣物 3~4 套；②胎帽 2~3 顶；③婴儿袜子 2~3 双；④小方巾 3~5 张；⑤浴巾抱毯各 2~3 条；⑥新生儿纸尿裤 1 包；⑦新生儿湿巾 2 包；⑧小盆子 2 个
温馨提示	①以上物品仅供参考,用品数量应与季节温度和家庭状况而定；②选择婴儿衣物棉质为主,注意辨认有无别针、大头针、樟脑等

住院前要备好围生期的保健卡、病历、母子健康手册和现金。提前联系好交通工具,以便夜间临产时能及时送往医院。

(五) 分娩方式的选择

分娩主要分成两种：传统的阴道分娩（顺产）和新式的剖宫产分娩。而阴道分娩中又有两种分娩方式,即自然分娩和无痛分娩。

1. 阴道分娩

（1）自然分娩：自然分娩是在有安全保障的前提下,通常不加以人工干预手段,让胎儿经阴道娩出的分娩方式。孕妇平卧于产床上,靠子宫收缩力、腹肌收缩力等娩出胎儿。自然分娩适合理性和配合度较高的孕妇。

（2）无痛分娩：很多孕妇因为害怕分娩疼痛而选择剖宫产,无痛分娩就很好地减轻了分娩疼痛。目前最常用的是硬膜外麻醉,麻醉师将麻药注入产妇的硬膜外腔,阻止产妇下肢的感觉神经,让产妇的疼痛明显下降,但不会阻止运动神经,所以产妇还可以自行用力。

很多家庭担心麻醉药是否会对母子有不良影响，在此特别解释：硬膜外麻醉的麻醉药用量，仅仅是剖宫产麻醉药的10%~20%，几乎影响不到胎儿，所以对产妇和宝宝来说都是十分安全的。

于准爸妈而言：顺产是一个生理过程，它对于妈妈们的创伤很小，产后恢复更快。顺产的过程中身体会分泌催产素，它不仅能够促进产程的进展，还能促进产后妈妈的乳汁分泌。经过扩张的阴道，绝经后萎缩的程度小，更有利于长远以后的夫妻生活。顺产费用更低。

于宝宝而言：宫缩时短暂的缺氧状态，可以促进宝宝脑细胞的分裂与发育。宫缩时子宫对宝宝身体的推进作用，利于宝宝神经平衡运动的发育，多动症发生率会下降。分娩过程中子宫有规律地收缩使胎儿胸廓受到有节奏的压缩，有利于宝宝出生后建立自己的呼吸规律。产道对宝宝肺部的挤压，有助于宝宝排出肺内羊水，生后湿肺及呼吸窘迫综合征的发病率降低。宝宝在来到这个世界时，产道的压力将大大地激发宝宝的应激，使其自我免疫能力更强。

顺产是优先选择的分娩方式。然而，它因人而异，并不一定是最好的方式。

2. 剖宫产分娩　剖宫产是一种非自然、有创伤性的手术分娩方式，是处理难产及高危妊娠的医学手段。

什么情况下适合剖宫产？

（1）产程停滞：比如分娩之前发现宝宝胎头与妈妈的盆腔不相称，就需要转为急诊剖宫产。

（2）前置胎盘或胎位异常，胎位异常包括横位或臀位（胎儿的肩膀朝下或者屁股朝下），这些胎方位是不允许阴道分娩的。

（3）准妈妈患有不适合自然分娩的疾病，比如控制不佳的妊高征及糖尿病。

（4）宝宝宫内缺氧。

（5）多胎妊娠：多余一胎的妊娠，双胎妊娠，或三胎妊娠，都称为多胎妊娠，医学上大多选择剖宫产终止妊娠。

（6）巨大的子宫肌瘤：这里的"巨大的"是一个很重要的形容词，超过5cm的子宫肌瘤，或者肌瘤的位置在子宫下段，可能堵塞胎儿娩出的通道，因此被定义为"巨大的"。

（7）如果产妇患有生殖道疱疹或其他感染，医生担心阴道分娩过程中生殖道感染可能会传染给胎儿。

3. 顺产好还是剖宫产好　阴道分娩和剖宫产各有好处，在选择分娩方式前，医生会对所有准妈妈们做详细的全身检查和产科检查，包括检查胎位是否正常，估计分娩时胎儿有多大，测量骨盆大小是否正常等。如果所有指数都符合正常标准，正如我们之前提到的，自然分娩应被优先选择。

如若遇到特别情况，也不要慌张，在医生的指导帮助下，选择更适合自己的分娩方式，准妈妈们有权力选择分娩方式。

二、产时保健

（一）产时保健的概念

产时保健是指从临产开始到产后2小时甚至24小时的保健工作，是围产保健的关键时期，它关系到母婴生命的安危，需要产科、儿科和内科医生的密切配合。

1. 总产程　分娩全过程即总产程，指从规律宫缩开始至胎儿、胎盘娩出的全过程。

2. 产程分期　临床上分为如下三个产程。

（1）第一产程（first stage of labor）：又称宫颈扩张期，指从规律宫缩开始到宫颈口开全（10cm），也就是产妇开始有规律的阵发性腹痛到宫口开全可以配合宫缩向下用力挤出宝宝的时候。第一产程又分为潜伏期和活跃期。潜伏期为宫口扩张的缓慢阶段，初产妇一般不超过20小时，经产妇不超过14小时。活跃期为宫口扩张的加速阶段，可在宫口开至4~5cm即进入活跃期，最迟至6cm才进入活跃期，直至宫口开全（10cm）。此期宫口扩张速度应≥0.5cm/h。

（2）第二产程（second stage of labor）：又称胎儿娩出期，指从宫口开全至胎儿娩出。未实施硬膜外麻醉者，初产妇最长不应超过3小时，经产妇不应超过2小时；实施硬膜外麻醉镇痛者，可在此基础上延长1小时，即初产妇最长不应超过4小时，经产妇不应超过3小时。值得注意的是，第二产程不应盲目等待至产程超过上述标准方才进行评估，初产妇第二产程超过1小时即应关注产程进展，超过2小时必须由有经验的医师进行母胎情况全面评估，决定下一步的处理方案。

（3）第三产程（third stage of labor）：又称胎盘娩出期，指从胎儿娩出到胎盘娩出。一般为10~15分钟，不超过30分钟。

（二）产时保健的内容

1. 孕妇保健及分娩前准备期 伴随着子宫收缩与胎头下降，一开始是不规则（即时间不定，这会儿有，也许一会儿就没有了）的腹痛，也可能是腰胀或腹紧感，渐渐由不规则转为规则。各位孕妈妈此时此刻的心情肯定既兴奋又不安，还有一些紧张，但是想得最多的还是：此时此刻我该怎么办，我应该怎么做？此时的阵痛还不是很厉害，基本还能忍受，并且间隔时间比较长。当阵痛到来时，孕妈妈可以慢慢地进行深呼吸，阵痛间歇时可继续日常生活，能睡则睡，能吃则吃，此时应摄取一些高热量易消化的食品，采取自由体位，同时可由家人陪伴联系住院。

（1）潜伏期（第一产程的潜伏期）：规律的子宫收缩开始至宫口大4~6cm，此时会有褐色或红褐色的分泌物，如果有持续的出血，且量较多，属异常，应引起高度注意，立即住院。在此时也有可能破水，其有别于小便的是无便意。但一下子流出很多水，裤子被弄湿，也有流水少的（破水位置较高），移动身体或阵痛时流出。

此时的心情会更加紧张，甚至有些不安，首先要告诉大家分娩前的这种阵痛是属于生理性的，不用担心，孩子就是通过这种力量在一步步地走向世界，走向新生，所以各位孕妈妈此时在阵痛来临时要想：孩子，妈妈和你一起用劲，好比你正拉着孩子的小手正一步一步地走向这个新世界，你要告诉孩子，外面的世界非常精彩；孩子会配合你，沿着你为他所指引的道路走下去。在保持这种良好心态的同时，还应记录下规律性宫缩的开始时间、破水时间及见红时间，并及时联系住院。孕妈妈此时所要做的动作还是深呼吸。

（2）活跃期（也就是临床上所说的第一产程的后期）：宫口开至 4~5cm 即进入活跃期，最迟至 6cm 才进入活跃期，直至宫口开全（10cm）。此时是宫缩最强、疼痛感最明显的时候，血性分泌物会增多，有些产妇还会出现呕吐、厌食、腿部抽筋等一些不适，再加上剧烈的疼痛，孕妈妈可能会更烦躁，紧张不安，无法承受这份痛苦。往往这种不良的心理因素就是导致难产的最直接原因，它可以直接影响产力和产程进度。所以孕妈妈此时仍要保持平和心态，深呼吸，阵痛时尽量采取自我感觉较舒适的体位，也可进行适度的按摩来减轻疼痛。与此同时，还应多喝水，勤排便，以防阻碍胎头下降，并且进食易消化、热量高的食物，阵痛间歇期尽量放松，深呼吸，休息，保存体力。

宫口接近开全时，产妇处于较疲乏的状态，阵痛间歇时一迷糊就睡着了，疼痛更加剧烈，产妇此时易怒、敏感，失去从容镇静，对于这种难以忍受的疼痛，一时间失去了控制。这一最难熬的时刻，好比黎明前的黑暗，所以此时此刻孕妈妈可采取一些自己缓解疼痛的办法，可以这样想：也许是因为上天赐给我们的是一件非同寻常的"礼物"，所以才会用这种特殊的、刻骨铭心的方式来送给我们，既然我们已欣然接受，那就让我们也用一种特别的礼仪来迎接他的到来吧！

（3）分娩期：经过了痛苦的过程，此时疼痛感已不明显，憋气用劲逐渐加强，孕妈妈和孩子一起用劲；一想到从今天开始就要真正成为一名母亲了，那种自豪感、满足感便会油然而生。孕妈妈此时所要做的动作主要是练习呼吸，放松大腿、臀部，而往肛门处用劲。

2. 医务人员保健内容　严密观察宫缩的情况、宫口扩张与胎先露下降程度；注意胎儿安危，胎心监测、观察羊水；注意产妇全身情况如血压等生命体征、精神状况、活动是否适当、体位是否合适；安全接生，清理新生儿呼吸道、处理脐带、滴眼药、新生儿Apgar 评分；正确处理产程，减少不必要的医疗干预，安全接生，提高产科质量。

做到"五防""一加强"。"五防"指防滞产、防感染、防产伤、防出血、防窒息。"一加强"即加强对高危产妇的分娩监护。

（1）防滞产：滞产是指分娩总产程达到或超过 24 小时者。

产程过长并发症：胎儿窘迫、产后出血、产后感染、产道损伤、生殖道瘘管。

预防措施：严密仔细观察产程，绘制产程图；关心产妇休息、饮食、心理因素；查明原因。

（2）防感染：感染包括母亲产褥热和新生儿败血症、破伤风等。

来源：自身和（或）外来感染。

预防措施：加强产前、产后的卫生宣教，纠正贫血，防止产后出血；严格掌握剖宫产指征；注意无菌技术并按操作规程接生，是减少产后感染最重要的手段。

（3）防产伤：产伤包括母体软产道损伤及胎儿因难产所致的损伤（胎儿骨折、脱臼、神经损伤、脏器损伤及颅内出血等）。

预防措施：加强产前保健，及时发现并处理孕妇的妊娠合并症及并发症；加强产程观察，及时诊断骨盆狭窄或头盆不称，识别先兆子宫破裂的征象，给予相应处理；按正规的操作方法接产，保护好会阴；产后常规检查软产道；严禁腹部加压助产或滥用催产素。

（4）防出血：胎儿娩出后 24 小时内出血量达到或超过 500mL

者，称为产后出血。

预防措施：做好孕期保健，定期产检；密切观察产程、子宫收缩力；临产后检查发现有出血倾向的产妇须做好输血准备；注意胎盘娩出是否完整，必要时行钳刮术；正确测量出血量；产后及时排尿，以免影响子宫收缩；产后提倡早喂奶；在产房密切观察 2 小时。

（5）防窒息：新生儿出生后 1 分钟只有心跳而无呼吸者或未建立规律呼吸的缺氧状态，称为新生儿窒息，是新生儿死亡的主要原因之一。

预防新生儿窒息，加强产时监护及处理是关键。围产儿患病率及死亡率的一半由高危妊娠所致。对高危产妇应特别监护，注意产程，避免滞产，避免宫缩过强过密导致急产，动态观察羊水变化。

新生儿处理：保暖，清理呼吸道，处理脐带，新生儿评分，早接触、早吸吮。

三、产后保健

围生期的产后是指分娩后至产后 1 周这段时间。

（一）产后产妇注意事项

1. 环境 产妇居室应温馨，空气新鲜，光线明亮，每日开窗通风至少 30 分钟。夏天可以开空调，但不要让冷风直接吹到身上。

2. 饮食 产妇的饮食应营养丰富，主食、肉、蛋、奶、蔬菜、水果都要吃，水果只要不冰镇就可以；因为喂奶的妈妈消耗能量，所以要少量多餐，一天吃 5~6 顿饭。"月子"里的妈妈排汗多还要泌乳，需要水分比较多，可适当增加粥、汤类食物的摄入，注意喝鸡汤或肉汤的时候不要只喝汤，应该把汤里的肉也吃掉，因为主要营养成分还是在肉里。

3. 适当活动 阴道分娩的产妇产后 6~12 小时就可以下床轻微活动，第二天就可以在室内随意走动；剖宫产后 24 小时也可以下床活动了。适当的活动可增强血液循环、增加食欲、预防下肢静脉血栓形成，促进康复。

4.清洁卫生　"月子"里的妈妈会大量出汗，这是产后的一个生理变化，也是正常的生理恢复过程。这段时间应保持皮肤清洁，可以用热毛巾擦身体。在"月子"里能洗澡吗？这是很多产妇问的问题。其实会阴侧切伤口或剖宫产伤口长好后是可以洗澡的，建议洗淋浴，洗澡时间不要太长，每次8~10分钟，洗完后及时擦干身体，穿上衣服。

5.产褥保健操　产褥保健操可促进腹壁、盆底肌肉张力的恢复，避免腹壁皮肤过度松弛，预防尿失禁、膀胱直肠膨出及子宫脱垂。产妇应根据自身情况，运动量由小到大、由弱到强循序渐进地练习。一般在分娩1周后开始，直至产后6周。

6.计划生育　产后42天之内禁止同房。根据产后检查情况，恢复正常性生活。喂奶的妈妈宜选用工具避孕，如避孕套或宫内节育器（俗称带环），不喂奶的妈妈还可选用药物避孕。一般阴道分娩后3个月或剖宫产后半年可到医院戴宫内节育器。

7.产后健康检查　产后42天宝妈妈应带着孩子一起到医院进行一次全面检查，以了解产妇全身恢复情况及新生儿发育情况。

（二）围生期产后产妇访视内容

1.乡镇卫生院、村卫生室在收到分娩医院转来的产妇分娩信息后，应于产妇出院后1周内到产妇家中进行产后访视。

2.通过观察、询问和检查，了解产妇一般情况、乳房、子宫、恶露、会阴或腹部伤口等情况。

3.对产妇进行产褥期保健指导，对母乳喂养困难、产后便秘、痔疮、会阴或腹部伤口等问题进行处理。

4.发现有产褥感染、产后出血、子宫复旧不佳、妊娠合并症未恢复者及产后抑郁等问题的产妇，应及时转至上级医疗卫生机构进一步检查、诊断和治疗。

5.通过观察、询问和检查，了解新生儿的基本情况。

母婴健康知识必读

科普小知识：孕产妇妊娠风险评估表（表5-2）

表5-2 孕产妇妊娠风险评估表

评估分级	孕产妇相关情况
绿色(低风险)	孕妇基本情况良好，未发现妊娠合并症、并发症
黄色(一般风险)	1 基本情况 1.1 年龄≥35岁或≤18岁 1.2 BMI>25或<18.5 1.3 生殖道畸形 1.4 骨盆狭小 1.5 不良孕产史(各类流产≥3次、早产、围产儿死亡、出生缺陷、异位妊娠、滋养细胞疾病等) 1.6 瘢痕子宫 1.7 子宫肌瘤或卵巢囊肿≥5cm 1.8 盆腔手术史 1.9 辅助生殖妊娠 2 妊娠合并症 2.1 心脏病(经心内科诊治无须药物治疗、心功能正常) 2.1.1 先天性心脏病(不伴有肺动脉高压的房缺、室缺、动脉导管未闭；法洛四联症修补术后无残余心脏结构异常等) 2.1.2 心肌炎后遗症 2.1.3 心律失常 2.1.4 无合并症的轻度的肺动脉狭窄和二尖瓣脱垂 2.2 呼吸系统疾病:经呼吸内科诊治无须药物治疗、肺功能正常 2.3 消化系统疾病:肝炎病毒携带(表面抗原阳性、肝功能正常) 2.4 泌尿系统疾病:肾脏疾病(目前病情稳定、肾功能正常) 2.5 内分泌系统疾病:无须药物治疗的糖尿病、甲状腺疾病、垂体泌乳素瘤等 2.6 血液系统疾病 2.6.1 妊娠合并血小板减少[PLT(50~100)×10^9/L]但无出血倾向 2.6.2 妊娠合并贫血(Hb 60~110g/L) 2.7 神经系统疾病:癫痫(单纯部分性发作和复杂部分性发作)，重症肌无力(眼肌型)等

续表

评估分级	孕产妇相关情况
黄色(一般风险)	2.8 免疫系统疾病:无须药物治疗(如系统性红斑狼疮、IgA 肾病、类风湿关节炎、干燥综合征、未分化结缔组织病等) 2.9 尖锐湿疣、淋病等性传播疾病 2.10 吸毒史 2.11 其他 3 妊娠并发症 3.1 双胎妊娠 3.2 先兆早产 3.3 胎儿宫内生长受限 3.4 巨大儿 3.5 妊娠期高血压疾病(除外红、橙色) 3.6 妊娠期肝内胆汁淤积症 3.7 胎膜早破 3.8 羊水过少 3.9 羊水过多 3.10 ≥36 周胎位不正 3.11 低置胎盘 3.12 妊娠剧吐
橙色(较高风险)	1 基本情况 1.1 年龄≥40 岁 1.2 BMI≥28 2 妊娠合并症 2.1 较严重的心血管系统疾病 2.1.1 心功能Ⅱ级,轻度左心功能障碍或者 EF 40%~50% 2.1.2 需药物治疗的心肌炎后遗症、心律失常等 2.1.3 瓣膜性心脏病(轻度二尖瓣狭窄瓣口>1.5cm^2,主动脉瓣狭窄跨瓣压差<50mmHg,无合并症的轻度肺动脉狭窄,二尖瓣脱垂,二叶式主动脉瓣疾病,Marfan 综合征无主动脉扩张) 2.1.4 主动脉疾病(主动脉直径<45mm),主动脉缩窄矫治术后 2.1.5 经治疗后稳定的心肌病 2.1.6 各种原因的轻度肺动脉高压(<50mmHg) 2.1.7 其他 2.2 呼吸系统疾病 2.2.1 哮喘 2.2.2 脊柱侧弯

续表

评估分级	孕产妇相关情况
橙色(较高风险)	2.2.3 胸廓畸形等伴轻度肺功能不全 2.3 消化系统疾病 2.3.1 原因不明的肝功能异常 2.3.2 仅需要药物治疗的肝硬化、肠梗阻、消化道出血等 2.4 泌尿系统疾病:慢性肾脏疾病伴肾功能不全代偿期(肌酐超过正常值上限) 2.5 内分泌系统疾病 2.5.1 需药物治疗的糖尿病、甲状腺疾病、垂体泌乳素瘤 2.5.2 肾性尿崩症(尿量超过 4000mL/d)等 2.6 血液系统疾病 2.6.1 血小板减少(PLT $30\sim50\times10^9$/L) 2.6.2 重度贫血(Hb 40~60g/L) 2.6.3 凝血功能障碍无出血倾向 2.6.4 易栓症(如抗凝血酶缺陷症、蛋白C缺陷症、蛋白S缺陷症、抗磷脂综合征、肾病综合征等) 2.7 免疫系统疾病:应用小剂量激素(如强的松 5-10mg/d)6月以上,无临床活动表现(如系统性红斑狼疮、重症IgA肾病、类风湿关节炎、干燥综合征、未分化结缔组织病等) 2.8 恶性肿瘤治疗后无转移无复发 2.9 智力障碍 2.10 精神病缓解期 2.11 神经系统疾病 2.11.1 癫痫(失神发作) 2.11.2 重症肌无力(病变波及四肢骨骼肌和延脑部肌肉)等 2.12 其他 3 妊娠并发症 3.1 三胎及以上妊娠 3.2 Rh血型不合 3.3 疤痕子宫(距末次子宫手术间隔<18个月) 3.4 疤痕子宫伴中央性前置胎盘或伴有可疑胎盘植入 3.5 各类子宫手术史(如剖宫产、宫角妊娠、子宫肌瘤挖除术等)≥2次 3.6 双胎、羊水过多伴发心肺功能减退 3.7 重度子痫前期、慢性高血压合并子痫前期 3.8 原因不明的发热 3.9 产后抑郁症、产褥期中暑、产褥感染等

续表

评估分级	孕产妇相关情况
红色(高风险)	1 妊娠合并症 1.1 严重心血管系统疾病 1.1.1 各种原因引起的肺动脉高压(≥50mmHg),如房缺、室缺、动脉导管未闭等 1.1.2 复杂先天性心脏病(法洛四联症、艾森曼格综合征等)和未手术的紫绀型心脏病(SpO_2<90%);Fontan 循环术后 1.1.3 心脏瓣膜病:瓣膜置换术后,中重度二尖瓣狭窄(瓣口<$1.5cm^2$),主动脉瓣狭窄(跨瓣压差≥50mmHg)、马方综合征等 1.1.4 各类心肌病 1.1.5 感染性心内膜炎 1.1.6 急性心肌炎 1.1.7 风湿性心脏病风湿活动期 1.1.8 妊娠期高血压性心脏病 1.1.9 其他 1.2 呼吸系统疾病:哮喘反复发作、肺纤维化、胸廓或脊柱严重畸形等影响肺功能者 1.3 消化系统疾病:重型肝炎、肝硬化失代偿、严重消化道出血、急性胰腺炎、肠梗阻等影响孕产妇生命的疾病 1.4 泌尿系统疾病:急、慢性肾脏疾病伴高血压、肾功能不全(肌酐超过正常值上限的 1.5 倍) 1.5 内分泌系统疾病 1.5.1 糖尿病并发肾病Ⅴ级、严重心血管病、增生性视网膜病变或玻璃体积血、周围神经病变等 1.5.2 甲状腺功能亢进并发心脏病、感染、肝功能异常、精神异常等疾病 1.5.3 甲状腺功能减退引起相应系统功能障碍,基础代谢率小于-50% 1.5.4 垂体泌乳素瘤出现视力减退、视野缺损、偏盲等压迫症状 1.5.5 尿崩症:中枢性尿崩症伴有明显的多饮、烦渴、多尿症状,或合并有其他垂体功能异常 1.5.6 嗜铬细胞瘤等 1.6 血液系统疾病 1.6.1 再生障碍性贫血 1.6.2 血小板减少($<30×10^9$/L)或进行性下降或伴有出血倾向 1.6.3 重度贫血(Hb≤40g/L)

续表

评估分级	孕产妇相关情况
红色(高风险)	1.6.4 白血病 1.6.5 凝血功能障碍伴有出血倾向(如先天性凝血因子缺乏、低纤维蛋白原血症等) 1.6.6 血栓栓塞性疾病(如下肢深静脉血栓、颅内静脉窦血栓等) 1.7 免疫系统疾病活动期,如系统性红斑狼疮(SLE)、重症 IgA 肾病、类风湿关节炎、干燥综合征、未分化结缔组织病等 1.8 精神病急性期 1.9 恶性肿瘤 1.9.1 妊娠期间发现的恶性肿瘤 1.9.2 治疗后复发或发生远处转移 1.10 神经系统疾病 1.10.1 脑血管畸形及手术史 1.10.2 癫痫全身发作 1.10.3 重症肌无力(病变发展至延脑肌、肢带肌、躯干肌和呼吸肌) 1.11 吸毒 1.12 其他严重的内、外科疾病等 2 妊娠并发症 2.1 三胎及以上妊娠伴发心肺功能减退 2.2 凶险性前置胎盘,胎盘早剥 2.3 红色预警范畴疾病产后尚未稳定
紫色(孕妇患有传染性疾病)	所有妊娠合并传染性疾病,如病毒性肝炎、梅毒、HIV 感染及艾滋病、结核病、重症感染性肺炎、特殊病毒感染(H1N7、寨卡等)

注:除紫色标识孕妇可能伴有其他颜色外,如同时存在不同颜色分类,按照较高风险的分级标识。

科普小知识:镇痛分娩——椎管内麻醉镇痛

椎管内麻醉镇痛是公认的最有效的缓解分娩疼痛方式,常用硬膜外麻醉,麻醉师通过一根微细导管置入产妇背部腰椎硬脊膜外侧,随产程连续滴注微量麻醉药。由于麻醉药的浓度很低，比较安全，几乎不影响产妇的运动功能，因此在医生的允许下产妇可以下床活动；此外，产妇可以根据疼痛的程度控制给药，真正做到个体化，因此很方便分娩镇痛，可以让准妈妈们减少经历疼痛的折磨。分娩镇痛可以减少产妇分娩时的恐惧和产后的疲倦，让她们在时间最长的第一产程得到休息，当宫口开全时，因积攒了体力而有足够力量完成分娩。

椎管内镇痛分娩是以维护母亲和胎儿安全为最高原则，其药物的浓度和剂量远远低于剖宫产手术麻醉的量，经由胎盘吸收的药物量微乎其微，对胎儿并无不良影响。在分娩的整个过程中产妇一直处于清醒的状态，可以比较舒适、清晰地感受新生命到来的喜悦。如果顾虑麻药的风险，还可以用一些无创的方法帮助分娩，减轻痛苦。如图5-1导乐分娩常用器具。

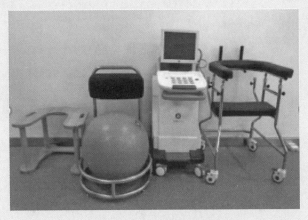

图5-1　导乐分娩常用器具
从左到右依次是导乐凳、导乐球、导乐仪、导乐车

导乐凳：帮助孕妈妈打开骨盆，促进胎头下降，特别是在第二产程对于促进胎头下降帮助很大。

导乐球：可以在待产过程中帮助孕妈妈减轻宫缩疼痛，放松、休息，活动骨盆，促进胎头下降，促进产程进展。

导乐车：导乐车附带输液架，可以帮助孕妈妈在导乐活动室活动。在第一产程多走动，可以促进宫颈扩张，加速产程。对于宫缩时的疼痛，可以通过借助导乐车减轻重力。

扫一扫，听音频：椎管内麻醉镇痛

第六篇　产褥期健康促进

一、健康状况

（一）产妇生理变化

从胎盘娩出到产妇全身各个器官（除乳腺外）恢复至妊娠前状态，包括形态和功能，这一阶段称为产褥期，共6周时间。这一时期母体的生理变化如下。

1. 生殖系统　产后10日子宫在腹部不可扪及，产后4周宫颈恢复至孕前状态，产后6周子宫大小及内膜恢复至孕前状态。产后处女膜因分娩时撕裂而成为残缺不全的痕迹，产后会阴轻度裂伤，缝合后3~5日能愈合。分娩后盆底组织（肌肉及筋膜）扩张过度，弹性减弱，一般产褥期内可恢复，但若分娩次数过多或分娩间歇短，盆底组织松弛，难以恢复至孕前状态，甚至发生盆底脏器脱垂，需积极干预治疗。

2. 乳房的变化　乳房的主要变化为泌乳，分娩后雌、孕激素水平急剧下降，抑制了催乳素抑制因子的释放，在催乳素的作用下乳房腺细胞开始分泌乳汁。乳汁产生的数量和产妇足够睡眠、充足营养、愉悦情绪及健康状况密切相关。

3. 其他系统

（1）泌尿系统：因分娩过程中膀胱受压，黏膜充血水肿对尿液刺激敏感性下降及外阴伤口疼痛使产妇不愿用力排尿，产后12小时内可出现一过性尿潴留，产后第1周可出现多尿。

（2）消化系统：产后因胃肠肌张力低，产妇食欲欠佳，加之产后产妇活动少，肠蠕动减弱，容易发生便秘，产后 1~2 周消化功能逐渐恢复正常。

（3）血液及循环系统：产后 72 小时内，产妇血液循环量增加 15%~25%，心脏负荷明显增加，尤其是最初 24 小时，注意预防心衰；产后 2~3 周，血液循环量恢复至孕前水平。产后早期血液仍处于高凝状态，利于子宫创面恢复并预防产后出血，但须注意防止深静脉血栓及肺栓塞。产后身体内的抗菌卫士——白细胞计数仍较高，产后 1~2 周恢复正常。

（4）内分泌系统：产后 1 周，产妇血清中雌、孕激素水平恢复到孕前水平，产后 2 周内血 HCG 降至正常。不哺乳的产妇一般产后 6~10 周恢复排卵。甲状腺功能产后 1 周恢复正常。

（二）产褥期临床表现

1. 生命体征 正常产妇，产后生命体征处于正常范围内。产后 24 小时内，体温略升高但不超过 38℃，可能与产程长致过度疲劳有关。产后 3~4 日可能会出现"泌乳热"，一般不超过 38℃，由于产后乳房充血影响血液及淋巴回流，乳汁不能排除所致。产后呼吸恢复为胸腹式呼吸。

2. 子宫复旧及宫缩痛 产后 1 日子宫宫底降至平脐，后每日下降 1~2cm，产后 10 日降至盆腔内。产后子宫收缩引起的疼痛，称为宫缩痛，经产妇宫缩痛较初产妇明显，哺乳者较不哺乳者明显。宫缩痛一般不需特殊用药。

3. 褥汗 产后 1 周内，孕期潴留的水分通过皮肤排泄，在睡眠时更为明显，非病态。建议注意通风，及时更换衣物。

4. 恶露 产后随子宫蜕膜脱落，含有血液及坏死蜕膜等组织经阴道排出，称为恶露。根据颜色及内容物分为血性恶露、浆液性恶露、白色恶露。正常恶露有腥味，但无臭味，一般持续 4~6 周。

二、饮食营养与护理注意事项

(一) 产褥期膳食

1. 产褥期膳食的重要性　产褥期是指产妇分娩后到产妇机体和生殖器基本复原的一段时期，一般需要 6~8 周。

产后期有许多生理上的变化，其中最大的特点是身体各部位的复旧，产后有许多部位都会再次回复到怀孕前的状态。由于分娩时体力消耗大，身体内各器官要恢复，产妇的消化能力减弱，又要分泌乳汁供新生儿生长，所以膳食所提供的营养支持都是极为重要的。膳食作为日常生活中的重要元素，对于产妇的精神、心理状态具有重要影响。产褥期膳食可通过胃肠舒适性、营养供应、饮食心理愉悦等诸多方面，促进妇女产后身心康复，同时也会对母子双方近期和远期健康产生重要影响。

2. 产褥期营养不足对母体和婴儿的影响

(1) 对产褥期妇女的影响：产褥期营养不足可导致产妇机体恢复减慢，伤口不易愈合，延长产褥期的时间。同时也会影响母体分泌乳汁的质和量。有一些产褥期妇女为了尽快恢复到怀孕前的体形，过度节食减肥，这样不但影响母体机能的恢复，也会影响到婴儿的营养。

(2) 对婴儿的影响：母体分泌的乳汁与母体的摄食情况和营养状况密切相关，民间有一种说法，说乳母喝什么汤泌什么乳，充分说明了母体的摄食情况和营养状况直接影响到乳汁的质量。如果母体产褥期营养不足，同时又需要哺乳，起初可通过透支母体的营养来维持乳汁的质量，慢慢地母体营养水平下降，乳汁质量开始下降，而乳汁是婴儿最佳的营养来源，婴儿不能通过乳汁获得足够的营养素，就会导致生长发育迟缓（包括智力），甚至出现各种各样的营养缺乏病，如 PEM、各种微量营养素的缺乏症等。

3. 产褥期营养过剩对母体和婴儿的影响

（1）对产褥期妇女的影响：如今随着经济条件越来越好，很多哺乳期妇女非常注重乳汁对于婴儿生长发育的重要意义。导致产褥期妇女饮食不加以控制而造成营养过剩。产褥期妇女的营养过剩可直接导致肥胖，以及因为肥胖引发的一些慢性疾病高发，如高血压、高血脂、高血糖等。

（2）对婴儿的影响：乳汁形成的物质基础是母体的营养，包括哺乳期母体通过食物摄入、动用母体的储备和分解母体组织（如脂肪组织分解）。倘若乳母膳食中营养摄入充足，则能保证乳汁的质与量，婴儿就能从乳汁中获得足够的营养素来维持自身生长发育的需要，这对于婴儿的健康至关重要。

4. 产褥期膳食的总体原则

（1）产褥期食物多样不过量，重视整个哺乳期营养。

（2）增加富含优质蛋白质及维生素 A 的食物和海产品，选用碘盐。

（3）保持心情愉悦，保证充足睡眠，促进乳汁分泌。

（4）坚持勤哺乳，适度运动，逐步恢复体重。

（5）忌烟酒，避免浓茶和咖啡。

5. 产褥期膳食的注意事项

（1）产后头几天宜进食清淡、易消化的食物。正常经阴道分娩后最初 1~2 天产妇感到疲劳无力或肠胃功能较差，可选择较清淡、稀软、易消化的食物，如面片、挂面、馄饨、粥、蒸或煮的鸡蛋及煮烂的肉菜，之后再过渡到正常膳食。

（2）分娩时若有会阴Ⅰ度或Ⅱ度撕伤并及时缝合者，可给予普通饮食；Ⅲ度撕裂伤缝合以后，应进食无渣或少渣膳食 1 周左右，避免成型大便通过肛门时，会使缝合的肛门括约肌再次撕裂，不仅给产妇带来痛苦，而且影响伤口愈合。

（3）剖宫产后的产妇，由于剖宫手术一般采用局部或腰硬联合麻醉，对胃肠道的影响比较轻，术后一般进食流食，但忌食牛奶、豆浆、含大量蔗糖等胀气的食物；肛门排气后可恢复正常饮食。对于采用全身麻醉或手术情况较为复杂的剖宫产术后妇女，其饮食需遵医嘱。

6. 产褥期膳食要点

（1）在月子期间，妈妈们不仅需要恢复自身的健康，还要分泌乳汁，喂养婴儿。动物性食品如鱼、禽、蛋、瘦肉等可提供丰富的优质蛋白质和一些重要的矿物质、维生素，并有助于确保乳汁分泌。因此坐月子期间可比未孕时适当多吃一些（平均每天摄入总量200~250g），如果条件限制或饮食习惯制约，可部分采用富含优质蛋白质的大豆及其制品替代。

（2）为预防或纠正缺铁性贫血及补充维生素A，应适当摄入一些动物肝脏、动物血、瘦肉等含铁丰富的食物（如每周吃1~2次动物肝脏，总量达85g猪肝，或总量40g鸡肝）。海产鱼虾除了富含蛋白质外，其脂肪富含n-3多不饱和脂肪酸，贝壳类食物还富含锌，海带、紫菜富含碘。产妇可通过乳汁将这些营养素传递给婴儿，对婴儿生长发育及智力发育有益。

（3）注意粗细粮搭配，重视新鲜蔬菜、水果的摄入。月子期间主食不能只吃精米、精面，应该粗细搭配，常吃一些粗粮、杂粮（如小米、燕麦、红豆、绿豆等）和全谷类食物，因为粗、杂粮中富含B族维生素和膳食纤维，除能保证维生素B_1等营养素的供给外，也有利于肠道健康。新鲜蔬菜和水果含有多种维生素、无机盐、膳食纤维、果胶、有机酸等成分，可增进食欲，增加肠蠕动，防止便秘，是产褥期每日膳食中不可缺少的食物。由于产后腹部肌肉松弛，卧床时间长，运动量少，致使肠蠕动变慢，更容易发生便秘，导致痔疮等疾病的发病率增加。加上传统"月子"习俗禁忌生冷食物，我国"月子"妇女常被禁食蔬菜、水果。并因此造成某些微量营养素（如维生素C、维生素B_2）的缺乏，影响乳汁中维生素和矿物质的含量。为此，产褥期要重视蔬菜、水果的摄入，每天应保证摄入蔬菜、水果500g以上（其中绿叶蔬菜和红黄色等有色蔬菜占2/3）。需要纠正"月子"期禁忌蔬菜、水果的习俗。如果膳食中蔬菜、水果摄入量达不到要求，可在医生指导下服用维生素、矿物质及膳食纤维补充剂。

（4）正确认识"月子"膳食对母乳分泌的作用。足量饮水，根据个人饮食习惯可多喝汤汁，产妇分娩时体液流失多，基础代谢较高，出汗多，加上乳汁分泌，需水量高于一般人。饮水不足可致乳汁分泌量减少。故产褥期饮食应注意水分补充。可适当多食用易消化的带汤的炖菜，如鸡汤、鱼汤、排骨汤、猪蹄汤、豆腐汤等，有助于促进饮食舒适度和补充水分。

（5）适当增加奶类等含钙丰富的食品。月子期间正常哺乳时，每日随乳汁分泌约 200mg 的钙。尽管乳汁中的钙不受膳食钙含量的影响，但钙摄入量不足时会动员自身的骨钙来维持乳汁中钙含量的稳定。乳母的钙推荐摄入量为 1000mg/d。奶类及其制品含钙丰富而营养成分齐全，且易于吸收利用，是产褥期补钙的最好食物来源。若"月子"妇女每日饮奶总量达 500mL，则可获得约 540mg 的钙，加上深绿色蔬菜、豆制品等含钙丰富的食物，则比较容易达到钙推荐摄入量。如奶类摄入达不到上述推荐量，则需经注册营养师评估后适当补充钙制剂。为增加钙的吸收和利用，建议补充适量的维生素 D（400~800IU/d）或适当户外活动。

（6）注意烹调方法。例如：动物性食品如畜、禽、鱼类多以蒸、煮、煨为佳，蔬菜要急火快炒，可减少其中维生素 C 的破坏和流失。

7.产褥期膳食构成

（1）谷类杂粮每天总量 300~500g。

（2）鱼、禽、蛋、肉类每天总量 200~500g。

（3）乳类每天总量 300~500g。

（4）适量的动物内脏。

（5）蔬菜每天总量 300~500g，且多以深色蔬菜为主。

（6）水果每天总量 200~400g。

（7）薯类每天总量 50~100g。五、科学坐月子

（8）豆类每天总量 15~20g，或豆制品 50~100g。

食谱举例见表 6-1。

表 6-1 产褥期食谱

餐次	食谱名称	原料名称和用量
早餐	牛肉面	挂面 100g,莴笋叶 100g,牛肉 50g
	鲜牛奶	250g
	核桃	10g
早点	荷包蛋	鸡蛋 50g
	豆浆	100g
	水果	西瓜 100g
午餐	杂粮米饭	大米 75g,杂粮 75g
	红烧排骨	排骨 70g,香菇 50g
	清炒油菜	油菜 150g
	白果鸡汤	白果 50g,鸡肉 50g
午点	水果	猕猴桃 100g
	酸奶	200g
晚餐	南瓜粥	南瓜 50g,粳米 25g
	杂粮馒头	面粉 50g,玉米粉 30g
	韭菜炒香干	韭菜 100g,香干 50g
	小炒肉	青椒 100g,猪肉 50g
晚点	开心果	10g
	牛奶煮麦片	牛奶 200g,麦片 20g,糖 5g
全天		植物油 25g,食用碘盐不超过 6g

(二)护理注意事项

1.保证营养丰富且均衡,保证睡眠充足,充分休息。

2.尽早下床活动,避免受凉,但注意居住环境通风、清洁。

3.保持外阴切口或腹部切口清洁干燥,必要时定期坐盆或换药。

4.产后 42 天禁止性生活,按时产后检查。

5.保持和家人及时沟通,保持心情愉悦。

（三）产褥中暑

1. 定义　产褥中暑是产妇在高温、高湿和通风不良的环境中体内余热不能及时散发而引起的以中枢性体温调节功能障碍为特征的急性热病，表现为高温、水电解质紊乱、循环衰竭和神经系统功能损害等，严重时会危及生命。处理的关键：立即脱离高温高湿及不通风环境，降低患者体温，及时纠正脱水、电解质紊乱和酸中毒。

2. 护理要点

（1）产褥期居住环境应该在阴凉通风的地方，保持室内清洁，空气流通。

（2）注意保持皮肤清洁干燥；若产后出汗较多，应勤换衣物。

（3）产后 2 天内进食清淡流质饮食，多饮水，保持体内水分充足，若出汗较多，适当进食淡盐水。

三、心理调节

（一）产褥期的主要心理特征

产褥期通常是指从胎盘娩出到产妇全身各器官系统除乳腺外恢复至未孕状态的一段时期，一般为 6 周，俗称"坐月子"。这一时期是女性生理及心理发生急剧变化的时期之一。这一时期的心理变化，有生理变化和不适带来的，也有内在认知、情绪等因素带来的，同时外在因素如居住环境、经济状况、家庭关系等也会造成产褥期妇女的心理波动。

产妇在产褥期的心理状态特征，大致有以下几种：

1. 兴奋或情绪高涨　大多数产妇在成功分娩后，会感到欣慰、自豪，会精神过于兴奋、不思睡眠，加之生理性的体温升高，会有情绪高涨之感。

2. 焦虑、抑郁等　产妇因分娩后注意力几乎全部集中到孩子身上，听到孩子的哭声而感到心绪不宁；见到了婴儿正常的生理变化

（新生儿黄疸等）或者一些生理缺陷和疾病而感到惶恐不安；因担心会阴侧切伤口能否愈合、对身体有无影响及排恶露和产后腹痛引起的疑虑和恐惧；对如何照护婴儿等问题产生担心和焦虑等。个别女性还可能受传统观念及家庭影响，产生一些心理压力。

总的来说，产褥期妇女的心理是敏感的，需要特别予以关心和照顾。

（二）产褥期常见的心理问题

1. 焦虑情绪 焦虑泛指一种模糊的、不舒服的情绪状态，其特征包括恐惧、忧虑、不适、紧张、困扰等。产妇焦虑情绪，是指产妇在分娩后由于自身及周边环境等各方面原因而导致的紧张、迷茫、恐惧、担忧等反应，给产妇及其家人带来消极影响，焦虑测量量表得分超过正常水平而未达到焦虑症的程度的情绪状态。

2. 抑郁情绪 产妇在经历妊娠、分娩、产后恢复及哺乳婴儿等过程中，其生理、心理均处于强烈的应激状态，承受着躯体和精神的巨大压力，尤其是初产妇，更易引起一系列情绪反应而导致抑郁情绪或状态。

抑郁的情绪、状态及严重程度会依据症状持续时间不同而有差异，所需要的支持与应对方法也是有明显差异的，具体请参看第九篇相关内容。

抑郁情绪在孕期及产后都有可能出现，需要正确认识和积极应对，努力照顾好孕产妇及新生命的健康发展。当然，"产后抑郁"也不仅仅是出现在妈妈的身上，一些准爸爸、新手爸爸们也有可能出现"产后抑郁"的情绪。面对这种情况请保持理性及冷静，积极调整应对，是能够度过这一时期的。

3. 产后疲乏 产后疲乏目前尚未有统一的定义，但根据相关研究，产褥期产后疲乏的发生比较普遍，民间也存在着"一孕傻三年"的说法。产褥期女性常常会感到乏力，体力和脑力活动能力和水平下降到正常状态以下，从个体上讲，会严重降低个人生理、心理和认知功能，对产妇的健康、哺育能力及母婴关系产生严重的负面影响。产后疲乏大多与生理性变化、生理性疼痛、睡眠质量、婴儿照顾、压力知觉等因素有关。

（三）产褥期常见心理问题的应对技巧

1. 社会支持 社会支持是指个体从其所拥有的社会关系中获得的精神上和物质上的支持，它调节着压力和身心健康之间的关系。

社会支持从内容方面可以分为 4 种：①工具性支持：指提供财力帮助、物质资源或所需服务等；②情感支持：涉及个体表达的共情、关心和爱意，使人感到温暖与信任；③信息性支持：提供相关的信息以帮助个体应对当前的困难，一般采用建议或指导的形式；④同伴性支持：即能够与他人共度时光，从事消遣或娱乐活动，这可以满足个体与他人接触的需要，转移个体对压力问题的忧虑或通过他人直接带来正面的情绪来降低个体对压力的反应。

社会支持从性质上可以分为两类：一是实际的支持或行动的支持，是指个体在面临压力时，支持网络所提供的具体的支持行为，包括物质上的直接援助和社会网络、团体关系的援助。这类支持独立于个体的感受，是客观存在的现实。二是知觉的支持，主要指支持的可获得性和对支持的总体满意度，它与个体的主观感受密切相关，是一种主观感受。

针对产褥期心理问题的常见原因，提供对应的有效的社会支持，能很大程度上避免和缓解产褥期妇女的心理问题。例如父母或者亲属可以通过提供财力上的帮助，或者通过安排条件较好的"月子中心"，帮助找到能干体贴的"月嫂"等；在情感上，丈夫应多宽慰，多鼓励，多表达关心和爱意，可以在有条件的情况下重温旧有的一些适宜的生活仪式等；在同伴性支持方面，丈夫可以主动承担和协作照顾产妇或者婴儿的任务，可以邀请共同的好友进行视频聊天或者当面交流育儿经验等，能有效帮助产妇转移焦虑、稳定产褥期的情绪。

2. 音乐疗法 音乐疗法是向对象输入适宜形式的音乐信号以改善其心理健康水平的方法。此方法借助节律性、优美的音乐语言对产褥期妇女输入积极暗示信息，以协调的音乐节奏引发机体的协调共振，轻松愉快的音乐信息可刺激人体脑垂体内啡肽的释放，降低肾上腺素皮质激素的浓度，减轻压力知觉，舒缓动听、柔和音色、轻松节奏有助于传递松弛信息，刺激机体产生松弛反应，促成情感平衡的形成与维护。

具体来说，可以尝试每日依产褥期妇女之喜好选择轻音乐、古典音乐曲目，择取原则：音色柔和、旋律流畅、节奏舒缓。播放乐曲前先提醒护理对象排空大小便，然后自主取舒适体位，闭上双眼，聆听耳机中所传递的音乐信息，并力争沉浸于其中，形成情感共鸣。音乐治疗时限制探视与声光干扰，耳机音量调至45dB，完成治疗后3~5分钟内维持于放松体态闭目休息，然后缓慢睁眼，循环往复。

音乐疗法也可以结合腹式呼吸放松法、冥想体验等一同进行，共同发挥作用，有时效果会更好。

除了上述介绍到的方法之外，保证产妇休息时间和休息质量；给予信息支持和健康教育，帮助产褥期妇女掌握正确的哺乳技巧，使母婴保持舒适状态；积极与医护人员沟通，化解未知情况造成的焦虑等。这些都有助于产褥期妇女心理问题的缓解和解决。

四、哺乳期健康

（一）哺乳期科学膳食

一般来说，母亲怀孕时其主食的口味已经通过羊水让婴儿得以接触，所以当婴儿在乳汁中再次尝到类似的味道，其实他们已经习惯了。

1. 如何确定有问题的食物 偶尔在母亲食用特殊食物后婴儿会对母乳表现出挑剔或出现排气过多，若母亲对此有所注意，则应在接下来几天避免食用该类食物。为证明问题是否由该类食物引起，可再次食用以观察是否会出现类似情况。婴儿常排斥的食物有巧克力、香料（肉桂、大蒜、咖喱、红辣椒）、柑橘类水果（橘子、柠檬、葡萄柚、草莓、猕猴桃、菠萝等）及其果汁、有刺激气味的蔬菜（洋葱、卷心菜、菜花、西兰花、黄瓜、辣椒等）和具有通便作用的水果（如樱桃和西梅）。此外，茶和咖啡过多摄入会干扰婴儿的睡眠甚至导致婴儿拒绝母乳。不建议饮酒。若母亲计划一次摄入1杯以上酒类饮料，则应在饮酒后24小时后哺乳；研究表明酒精会减少母乳的产生，故建议避免。

2. 过敏　若婴儿出现过敏症状（如湿疹、烦躁、腹泻等），可能是由母亲摄入的食物通过乳汁进入婴儿体内引起。这些食物常是哺乳前2~6小时内摄入的，常见的为牛乳制品、大豆制品及蛋类等。

（二）哺乳期乳房护理

1. 喂完奶后要及时清洁乳头，勤换内衣。

2. 正确哺乳姿势，让宝宝用正确的方式含住乳头，防止乳头皲裂。

3. 喂奶前适当热敷及按摩乳房，确保乳汁通畅，尽量避免乳房积乳。

4. 发生乳头皲裂时，可用少量乳汁涂在乳头和乳晕上；如处理无效，发生乳腺肿块伴疼痛或发热，建议及时就医。

（三）哺乳期乳腺炎

1. 哺乳期乳腺炎的表现　哺乳期，尤其是产后最初的时间，由于乳汁浓稠且乳腺腺管通畅度欠佳，可能出现堵奶、乳房胀痛等不适，容易和乳腺炎混淆，两者区别见表6-2。若怀疑为乳腺炎，建议立即到乳腺专科就诊，及时处理，以免病情发展，反而耽误母乳喂养及影响宝宝生长发育。乳腺炎的发生有两个必要条件：乳汁引流不畅及细菌入侵。所以预防应从这两个方面入手。避免乳汁淤积，注意哺乳前热敷，控制高油脂的食物，以及增加宝宝吸吮的次数。一旦发生乳头皲裂要及时处理，避免细菌入侵；这个时候尤其注意不能让宝宝长时间含着乳头睡觉，以免增大细菌入侵的概率。

表6-2　生理性乳房肿胀和病理性乳房肿胀的区别

生理性乳房肿胀	病理性乳房肿胀
产后2~4天	产后2~10天
双侧乳房	单侧常见
偶尔出现温度升高	普遍温度升高
极少不舒服	普遍出现疼痛
乳房没有触痛	普遍触痛明显
体温低于38℃	体温可高达38℃
乳房软/硬	乳房坚硬

2. 乳腺肿胀的护理

（1）喂奶前热敷乳房，必要时由乳房外侧顺着乳腺管方向向乳头放射状按摩乳房5~10分钟，按摩力度适中，协助母乳流出。

（2）尽量让婴儿吸吮时下巴对着肿块位置。

（3）哺乳前和哺乳过程中进行轻柔的乳房按摩。

（4）哺乳后如果肿块仍存在，使用电动吸乳器吸乳；若肿块持续存在，不排除病理性肿块的可能，建议及时就医。

（5）产妇疲劳或不舒服时，注意保证休息。

（6）按摩后进行哺乳不能排空乳房时，可用拇指及食指放在乳晕处，向胸壁方向轻轻下压，拇指和食指在乳晕周边不断变换位置，将乳汁排空。

（四）乙肝母亲是否能哺乳

我国《慢性乙型肝炎防治指南》指出：新生儿在出生12小时内注射乙肝免疫球蛋白和乙肝疫苗后，可接受乙肝表面抗原阳性母亲的哺乳，不会增加感染HBV的风险。乙型肝炎病毒母婴传播主要发生在围生期，因此，HBsAg阳性母亲所生婴儿在出生后立即注射乙肝免疫球蛋白和乙肝疫苗，可阻断产后HBV母婴传播。乙肝免疫球蛋白是乙肝病毒的中和抗体，由于乙肝潜伏期较长，即使在围生期，母亲体内的少量乙肝病毒进入婴儿体内，仍可被中和。

由于被动输入的乙肝中和抗体（乙肝免疫球蛋白）的半衰期为 1 个月，此时新生儿已出现由乙肝疫苗接种后产生的中和抗体，可预防乙肝病毒感染。值得注意的是，在母亲的乳头没有破损的情况下，一般母乳中不含乙肝病毒或含量很低，被动输入的乙肝免疫球蛋白和由乙肝疫苗接种后产生的抗体可中和进入婴儿体内的乙肝病毒。

（五）哺乳期避孕

产褥期不宜性生活，产后 42 天不管月经是否恢复及纯母乳喂养均可以有排卵，注意避孕，建议器具（避孕套）避孕为首选，也可到医院完善评估后选择适合的避孕方式。

（六）哺乳期用药

1. 哺乳期用药的原则　避免禁用药物，如必须应用，应按照说明书停止哺乳。需要服用慎用药物时，应在临床医师的指导下用药，并密切观察乳儿的反应。选择疗效好且半衰期短的药物；用药尽可能应用最小剂量，不要随意加大剂量。可在哺乳后立即用药，并适当延迟下次哺乳时间，有利于婴儿吸吮乳汁时避开血药浓度的高峰期。

2. 哺乳期禁用的药物　四环素类、氨基糖苷类、硝基咪唑类、喹诺酮类、磺胺类抗生素；抗结核药物；抗真菌类药物；利巴韦林；含雌激素的口服避孕药；安乃近等含氨基比林的药物。

（七）正确的哺乳方法

1. 让婴儿的整个身体朝向母亲，婴儿的鼻子对向母亲乳头，母亲用乳头轻触婴儿上唇，当婴儿张嘴时一只手托起婴儿至母亲胸部以便于含奶，另一只手扶住乳房。婴儿口部不应只覆盖乳头，而应该尽可能覆盖乳晕范围。哺乳需要大量的耐心和不断地练习。采用正确的姿势哺乳时不应该出现疼痛。哺乳时婴儿的嘴应覆盖乳头下方大片乳晕，若出现含奶疼痛，则应中断哺乳（将小指插入婴儿的牙龈和乳头之间）并再次尝试，一旦婴儿正确的含奶了，剩下的事就不需母亲操心了。

2. 在早产或其他需要母亲与婴儿分开的情况下，母亲可能无法喂养新生儿，但母亲应开始挤出乳汁并通过吸管或瓶子喂养婴儿，直到婴儿可以自己吃奶。

3. 哺乳的频率如何把握：尽可能多地哺乳，哺乳越多，母体可以产生越多的乳汁。每 24 小时哺乳 8~12 次比较合适。母亲与其按照固定的时间表哺乳，不如在婴儿表示出早期饥饿时（婴儿活动增多，注意力集中于母亲乳房时）进行哺乳。哭闹是宝宝饥饿的晚期信号，目前应在婴儿开始哭泣之前进行哺乳。为了确保婴儿摄入足够的乳汁，每 4 小时左右即需唤醒婴儿进行哺乳。

五、科学坐月子

（一）孕妈妈的清洁卫生

1. 月子期间能否洗头　产妇在生产时及产后大量出汗，"月子"时头发油腻难受，但是需注意洗头时间：顺产后 7 天或剖宫产后 10 天才可以洗头，建议用生姜水、艾草水进行清洗，再用洗护产品清洗，清洗后一定要及时把头发吹干，头发不可以有潮湿感。

2. 月子期间能否洗澡　洗澡是被长辈们列为禁忌的，但如果是夏天坐月子，要忍受一个月不洗澡，真的是难以想象。一般来说顺产后 7 天或剖宫产后腹部伤口愈合就可以洗澡。产妇洗澡只能淋浴，不能盆浴，洗澡前可以先放一段时间的热水，让淋浴房温度上升，避免产妇受凉；洗澡的时候最好旁边有家属陪伴，老公可以在外等候，以防产妇在洗澡过程中有头晕、发昏的情况出现；洗澡时间最好控制在 15 分钟左右；洗完后及时擦干身体，换上干净的衣物。

（二）饮食注意

1. 坐月子期间是否能吃水果　坐月子期间有些孕妇因为活动量减少可能出现便秘，水果含有大量膳食纤维、维生素及矿物质，能够很好地帮助妈妈们促进排便，所以是可以吃的。但是需要注意以下几点：①产后肠胃虚弱，水果应当在两餐之间或产后30分钟后进食。②应该吃当季水果；反季节的水果在种植及运输过程中可能使用激素及保鲜剂，建议不要吃。③冰箱里刚拿出来的水果不要吃，应放置到常温或用温水烫过或煲水果甜点吃。④凉性水果最好不要吃，如西瓜、芒果、香瓜、梨子、柚子等；建议食用温性水果，如苹果、葡萄、桃子、菠萝等。

2. 怎样科学进食"月子餐" 妈妈们刚刚生完孩子，长辈们就已经准备好了各种滋补的汤等着了；但是错误的时间食用可能会给妈妈们造成乳腺炎的困扰，那"月子餐"应该怎么吃呢？总的原则及注意事项，详见本篇第二部分饮食与护理注意事项。

建议：①第一周：妈妈们刚刚分娩不久，身体肠胃都比较虚弱，因此第一阶段饮食需要以清淡、半流质为主，可以准备一些鱼粥、藕粉、馄饨、清炒时蔬等。②第二周：经过一段时间的调理，此时可以进食一些补血的食物，如黑木耳、大枣、桂圆、猪腰等，也可以适量添加一些枸杞、山药、茯苓等。③第三周：随着宝宝的奶量增加，妈妈开始追奶了，这个时候可以上些催奶的汤品，如鲫鱼汤、猪蹄汤、鸡汤、排骨汤等，都是不错的下奶产品，但需注意避免油腻；不能光喝汤，要吃肉才能补充蛋白；同时，我们炖汤时可以适当加一些通草、黄芪等中药，催奶效果更好。

（三）产后运动

1. 月子期间的运动 可能很多长辈都告诉你，坐月子就是要躺着别走动，但是医生却和你说你要下床多走动。这个时候我们应该听谁的呢？其实产后应当做适量的运动，一般顺产6小时或剖宫产后24小时就可以下床活动了，在月子期间可以进行一些轻柔的、小幅度的运动，如产褥操、产后瑜伽、散步等，运动量应该根据每个新妈妈自身能接受的程度锻炼，切不可以想要快速恢复身材给身体压力，甚至造成身体损伤。

2. 绑腹带什么时候用 很多妈妈生产后想快速恢复身材，就会直接上绑腹带，这是不可以的。绑腹带有两种：一种是剖宫产后医生会帮新妈妈绑好术后腹带，主要用于压迫腹部切口的作用，目的是止血和防止二次损伤；另外一种是我们常用的塑形腹带，产后过早地使用塑形腹带会影响子宫复位及伤口的恢复。

如何正确使用绑腹带呢？新妈妈们请注意以下几点：①产后42天子宫已经复位或产后恶露干净，就可以使用绑腹带。②绑腹带需要在餐后30~60分钟用，每次使用时间为1~2小时。③腹带的松紧度要适中，不能绑太紧，这样会造成腹部压力过大，影响宝妈妈的呼吸及胃肠功能，严重时还可促进子宫脱垂的发生；但是也不能太松，不然就没有效果了。最好的状态就是绑腹带绑好后，腹部与绑腹带之间能容下一个手指为宜。

扫一扫，听音频：凯格尔运动

六、产后检查

（一）产后访视

1. 产后访视时间　产妇出院后3日、产后14日及产后28日由社区医疗保健人员进行家庭访视。

2. 访视内容　了解产妇起居饮食、睡眠等情况，同时了解产妇的心理状况。检测两侧乳房并了解哺乳情况；检测子宫复旧情况及观察恶露情况；观察会阴伤口及腹部伤口愈合情况；了解新生儿生长、喂养及预防接种情况，并指导哺乳。

（二）产后健康检查

1. 产后健康检查内容　产后42天应去分娩医院进行产后健康

检查，包括：①全身检查：血压、心率、血常规及尿常规；②专科检查：妇科检查、妇科超声及白带检查；③若合并内科疾病或产科并发症，需增加相应的检查；④乳房检查；⑤婴儿全身体格检查；⑥计划生育指导。

2. 产后盆底功能评估及康复 随着生活及医疗条件的提高，现在人类平均寿命延长，也更加重视生活质量。盆底脏器脱垂等一系列疾病常常困扰着产后妇女，且国家人口资源即将面临窘迫的局面，女同胞们肩负着生育二胎甚至三胎的神圣使命，如何兼顾好生活质量及实践国家生育政策，首先应该重视的就是宝妈妈们产后盆底功能的康复。

（1）定义：由于各种原因导致的盆底支持薄弱，盆底脏器移位，连锁引发其他盆底脏器的位置和功能异常，称为女性盆底功能障碍。

（2）病因：常见的病因包括妊娠、产程延长、分娩损伤、雌激素缺乏、反复尿路感染、长期便秘、吸烟、肥胖及医源性盆底筋膜韧带损伤等。其中最常见的原因是妊娠及分娩损伤。

（3）表现：常见的临床表现有尿失禁、尿潴留、便秘、子宫脱垂、阴道前后壁脱垂、膀胱直肠脱垂，以及性欲减退、性唤起障碍、性交痛等。

（4）治疗：针对不同的症状，可选择非手术治疗或手术治疗。非手术治疗有盆底肌肉锻炼（凯格尔训练）和物理疗法及子宫托。产后42天至3个月是盆底肌恢复的最佳时机。但经过多年的临床观察，在家能坚持盆底肌锻炼的患者非常少，而且锻炼要领掌握得参差不齐，不知不觉间可能就错过了最佳康复时机，所以建议有条件的宝妈妈产后42天到医院进行筛查并根据自身情况选择合适的康复计划。

（三）产后特殊疾病的管理

1. 妊娠期糖尿病产后管理

（1）我国《妊娠期高血糖诊治指南（2022）》推荐妊娠期糖

尿病患者产后进行母乳喂养。研究表明，增加母乳喂养的次数及延长母乳喂养的时间，均有助于预防妊娠期糖尿病产妇未来 2 型糖尿病的发生。

（2）哺乳期可用二甲双胍控制血糖，产后 1~2 周胰岛素用量逐渐调整减量，需内分泌科门诊密切随访调整剂量。

（3）妊娠期糖尿病患者在产后一定时期血糖可恢复正常，但其中一半以上人口将在未来 10~20 年内最终成为 2 型糖尿病患者，而且有越来越多的证据表明，其子代有发生肥胖与糖尿病的可能。所以最新的美国妇产科医师学会（ACOG）指南推荐对所有的妊娠期糖尿病孕妇进行产后随访，具体随访时间：初次随访为产后 4~12 周，行 75gOGTT，结果正常，后每 1~3 年进行血糖检测，可以每年检测空腹血糖及糖化血红蛋白，每 3 年监测 75gOGTT。若产后随访时发现有糖尿病前期妇女，应进行生活方式干预和使用二甲双胍，以预防糖尿病的发生；嘱其内分泌科终生随访。

（4）针对糖耐量受损的患者，研究表明：强化生活方式和二甲双胍干预随访 4 年，分别可使糖尿病的发生率降低 53% 和 50%；随访 10 年，两种干预措施分别使糖尿病的发生率降低 35% 和 40%。强化生活方式干预可延迟或预防 2 型糖尿病的发生，具体目标：①超重或肥胖的患者 BMI 达到或接近 $24kg/m^2$，或体重至少减少 5%~10%；②至少减少每天饮食总热量 400~500Kcal；③饱和脂肪酸摄入占总脂肪酸摄入的 30% 以下；④中等强度体力活动，建议至少保持在 150 分钟/周。

2. 妊娠期高血压的产后管理

（1）妊娠期高血压的产妇产后需规律监测血压，并至少监测 42 天，其中子痫前期的产妇需警惕产后子痫，应严密监测血压及尿蛋白 3~6 天，并继续产前的降压治理。所有产妇产后 3 个月建议回访测量血压、尿常规及其他孕期出现的异常实验室指标，若有持续的尿蛋白或高血压，建议心血管专科重新评估血压及有无高血压靶器官损害、继发性高血压。

（2）产后哺乳期降压药推荐：尽量避免甲基多巴，避免使用利尿剂及ARB（厄贝沙坦、氯沙坦等）降压药。

七、并发症的防治策略

（一）产褥感染

1. 定义　产褥期内生殖道受病原体侵袭而引起的局部或全身的感染，称为产褥感染。

2. 病因　①基础条件：机体免疫力、细菌毒力、细菌数量三者之间平衡失调；②诱因：胎膜早破、产程延长、孕期生殖道感染、严重贫血、产科手术操作、产后出血等。

3. 防治策略　预防产程延长、严重贫血等诱因，及时处理胎膜早破、生殖道感染等诱因。也就是说，孕期加强营养及补铁预防贫血，发现阴道炎及时治疗，减少同房并注意外阴清洁卫生，孕晚期一旦有阴道水样物质流出，怀疑胎膜早破立即就医。除此之外，产褥期若出现腹痛、阴道分泌物臭味甚至发热，需立即到医院就诊，积极抗感染治疗。

（二）晚期产后出血

1. 定义　分娩结束24小时后，在产褥期内发生的子宫大量出血，称为晚期产后出血。多见于产后1~2周。

2. 病因　胎膜、胎盘、蜕膜残留；子宫胎盘附着部位复旧不全；感染；剖宫产术后子宫切口裂开。还可见于子宫肌瘤及产后滋养细胞肿瘤的产妇。

3. 防治策略　充分母乳喂养，促进子宫收缩；产后加强营养，继续补铁，促进伤口愈合。产后3天若阴道流血超过月经量，立即就诊。

（三）产褥期抑郁症哺乳期妇女心理易受内外环境影响

研究显示，产后焦虑、抑郁等不良情绪可延迟泌乳启动时间，还可降低泌乳量。目前我国不同地区产后抑郁均较为普遍（发生率为 15.7%~27.3%）。不良家庭氛围和睡眠不足是产后抑郁的重要危险因素。应重视产后乳母心理健康，提高家庭亲密度，及时消除不良情绪，使"月子"妇女保持愉悦心情和充足睡眠，以促进乳汁分泌及产妇健康。

（四）警惕产后杀手

1. 产后胰腺炎

（1）病因：依照我国的传统，产妇坐月子期间要大补及静养，进食大量高脂食物，加上缺乏运动，且由于产妇产后抵抗力下降、体内内分泌及代谢发生变化、情绪波动等原因，可引起胆总管下端括约肌痉挛；另一方面，进食高脂、高糖及高蛋白食物，又使胆汁、胰腺分泌增加，从而增加了胰腺炎发病的概率，少部分患者病情严重可危及产妇性命。

（2）主要症状：上腹疼痛、恶心、呕吐、发热等。

（3）防治策略：①既往有慢性胆囊炎或胆石症的孕妇，积极治疗，密切随访。②产后营养均衡，尤其是前两周，饮食清淡，避免高脂食物，建议少食多餐，产后适当运动。③一旦出现腹胀等消化不良、腹痛、恶心、呕吐等不适，立即到医院就诊。

2. 产后血栓栓塞疾病

（1）病因：产妇血液本处于高凝状态，由于产后伤口疼痛或疲惫，长期卧床休息，血流缓慢，产褥出汗，血液进一步浓缩，故容易形成下肢深静脉血栓，进而发生肺栓塞，严重者发生猝死。

（2）防治策略：产后及早下床活动。剖宫产后 24 小时或顺产后 6 小时即可下地活动，即使不能下床，也应在医护的指导下进行床上活动，尤其是双下肢。产后及时补水，保证机体水分充足；若血栓风险评估高危，积极配合医生治疗。发现双下肢麻木、肿胀、疼痛等不适，立即就诊。

案例：女，35 岁，既往体健，孕 5 产 2，在腰硬联合麻醉下行剖宫产，产后一直卧床休息，产后 14 天出现腰背疼痛、胸痛、呼吸困难和双下肢水肿。入院完善检查提示：盆腔及下肢的多普勒超声显示双侧深静脉血栓延伸至髂静脉水平；腹腔和盆腔 CT 扫描显示下腔静脉和双侧卵巢静脉栓塞，胸部 CT 扫描显示右肺动脉栓塞。入院后给予低分子肝素和口服华法林治疗后症状缓解。

3. 产后抑郁

（1）症状：产后抑郁症不同于产后忧郁。产后忧郁从生产后两三天开始，宝妈妈们觉得很难过、想哭，她们担心宝宝，也担心自己，非常紧张、疲惫。产后荷尔蒙水平的巨大变动可能是产生这些症状的原因。

情绪低落、思维迟钝、运动抑制、心情不佳、自我评价过低等是常见的症状。不过，就算你不时出现其中的几种症状，很可能也没有患上产后抑郁症。毕竟，做妈妈会让你的身体和情绪都像坐上了过山车一样，可以预见这中间一定会有起起落落。但是，如果你有不少以上的症状，并且持续时间超过 2 周，就应该去看医生了。

（2）产后抑郁的原因

1）激素变化：雌激素在妊娠期间逐渐升高，到了分娩后却如坐过山车般地急剧回落，这样的落差，自然会导致女性情绪的变化。除了雌激素外，还有孕激素、催乳素、甲状腺激素及其他激素的变化，也会对产妇的情绪产生影响。

2）照顾宝宝：孩子刚出生时，初为人母的妈妈可能会手忙脚乱，孩子一丁点动静都要去看看。孩子饿了，不舒服了，换衣服、洗澡等，都需要妈妈来处理。尤其是夜里的工作，需要她多次醒来喂奶、换尿布、擦洗，想想都累，都会让产妇身心俱疲。这种疲倦感，会影响产妇个人的情绪，导致忧郁。如果宝宝常生病或者有顽疾，更容易击垮宝妈妈。

3）痛苦"月子"：照顾宝宝已经很累，若月子期间遇到有各种奇怪要求的公婆父母，则会更累。若是非严寒酷暑时坐月子，他们会告诉你，不能下床，多吃鸡蛋，多喝大补汤；若是严寒酷暑坐月子，他们会告诉你，不能洗澡，不能吹风，不能刷牙……总之这也不行，那也不能。这么多"奇葩规矩"，别说做，就是在旁边看着都会觉得难受。本身已经很难受还要照做，产妇的情绪可想而知。

此外，缺乏伴侣或家人的支持、宝宝性别不符合全家期望、经济原因等因素，也都容易诱发产后抑郁。

（3）健康提醒：宝宝生下来以后，在照顾好宝宝的同时，也请多照顾宝妈妈，关注她们的情绪。

八、用药指导

十月怀胎一朝分娩，宝妈妈们终于能够卸下思想包袱，不用再谈"药"色变。孕期有胰岛素抵抗、糖代谢异常、妊娠期合并高血压、高血糖等情况也会逐渐恢复正常。但是，如果在产褥期后仍然存在异常，则可能患有慢性疾病，需要到医院做进一步检查治疗。在产褥期，因为涉及给新生儿哺乳，妈妈们如果生病，要在医生指导下合理安全地用药，确保母婴健康。需要注意以下几个方面：

1. 能通过胎盘的药物基本均能通过乳腺进入乳汁，因此在孕期不适宜用的药物在产褥期及整个哺乳期都不宜使用，妈妈们切记不可自己随意服药。因为新生儿肝、肾功能尚不健全，药物解毒及排泄功能差，容易导致药物蓄积中毒。有些药物通过妈妈的乳汁产生不良反应，比如病理性黄疸、发绀、肝肾功能损害等。生病就诊期间，需要向医生说明自己正在哺乳，由医生考虑使用何种药物及用法用量。

2. 选择药物时，尽可能选择最小的有效剂量，不要随意加大用药量。妈妈的乳汁中药物浓度也和服药剂量有关，因此妈妈用药给予最低的有效量，这样可以尽可能地降低乳汁中的药物浓度，以减少对宝宝的影响。如果在哺乳期间需要用药，所用药物也是比较安全的话，可在哺乳后立即用药，并适当延迟下次哺乳时间，这样有利于宝宝避开血药浓度的高峰期，最大限度地减少吸收乳汁中的药量。

3. 对药物的使用要严格控制，可以不用的药物最好不用，尽可能避免使用说明书指示孕产妇禁用的药物；如因病情需要必须使用，应当停止哺乳，改为人工喂养。而对于一些慎用的药物，应在医生指导下使用，并密切观察宝宝的身体反应，便于医生调整药物种类及用法用量。

科普小知识：什么是产后抑郁？

产后抑郁症多在产后 2 周内发病，产后 4~6 周症状明显。目前多采用 EPDS 产褥期抑郁量表（表 6-3）评估诊断，其中总分相加≥13 分可诊断为产褥期抑郁症。宝妈们赶快来测一测吧！关爱从自己开始。

表 6-3　EPDS 产褥期抑郁量表

在过去的 7 日				
1. 我能够笑并观看事物有趣的方面	☐		☐	
如我总能做到那样多	0 分		现在不是那样多	1 分
现在肯定不多	2 分		根本不	3 分
2. 我期待着享受事态	☐		☐	
如我曾做到那样多	0 分		较我原来做得少	1 分
肯定较原来做得少	2 分		全然难得有	3 分
3. 当事情做错，我多会责备自己	☐		☐	
是，大多时间如此	3 分		是，有时如此	2 分
并不经常	1 分		不，永远不	0 分
4. 没有充分的原因我会焦虑或苦恼	☐		☐	
不，总不	0 分		极难得	1 分
是，有时	2 分		是，非常多	3 分
5. 没有充分理由我感到惊叹或恐慌	☐		☐	
是，相当多	3 分		是，有时	2 分
不，不多	1 分		不，总不	0 分
6. 事情对我来说总是发展到顶点	☐		☐	
是，在大多数情况下我全然不能应付	3 分			
是，有时我不能像平时那样应付	2 分			
不，大多数时间我应付得相当好	1 分			
我应付与过去一样好	0 分			
7. 我难以入睡，很不愉快	☐		☐	
是，大多数时间如此	3 分		是，有时	2 分
并不经常	1 分		不，全然不	0 分
8. 我感到悲伤或痛苦	☐		☐	
是，大多数时间如此	3 分		是，相当经常	2 分
并不经常	1 分		不，根本不	0 分
9. 我很不愉快，我哭泣	☐		☐	
是，大多数时间	3 分		是，相当常见	2 分
偶然有	1 分		不，根本不	0 分
10. 出现自伤想法	☐		☐	
是，相当经常	3 分		有时	2 分
极难得	1 分		永不	0 分

科普小知识：母乳喂养的好处有哪些？

对婴儿带来的益处：母乳为新生儿及婴儿最理想的食物，可提供婴儿健康发育所需的所有营养；母乳安全，并含有可帮助婴儿抵抗婴幼儿常见疾病的抗体，如腹泻病和肺炎这两大导致全球婴儿死亡的疾病；母乳可直接获得，方便，经济。

对母亲带来的益处：纯母乳喂养大部分情况下可致月经推迟恢复，促进术后机体恢复，也是自然的避孕措施（尽管不是绝对安全）。母乳喂养可降低母亲患乳腺癌和卵巢癌的风险。一项针对因原发性乳腺癌而接受手术后 20 年的女性的新研究表明，母乳喂养超过 6 个月与生存率更高有关；换句话说，这项研究证实母乳喂养给母亲带来的长期好处不仅具有预防性质，还有降低母亲患乳腺癌、卵巢癌风险性的能力。母乳喂养还可更快速地帮助母亲恢复到孕前的体重，降低肥胖的发生率。

对儿童带来的长期益处：研究表明，婴幼儿时期获得母乳喂养的成人往往血压和胆固醇水平较低，超重/肥胖及 2 型糖尿病发生率较低；还有证据显示，获得母乳喂养的人群其智力测试的成绩会更好。

科普小知识：科普小知识：为什么生娃后疯狂掉头发？

据统计，有 35%~45% 的产妇产后会出现脱发现象。产后脱发为一种生理现象，它与产妇体内激素水平变化/生活方式及精神心理因素有一定关系。大部分在产后 6~9 个月，至多不超过 1 年会自行停止，所以不要过分紧张。建议：①首先要认识产后脱发是一个暂时性的生理过程，不要害怕紧张甚至焦虑；②适当对头发进行护理，即使月子期间也可以适当清洗头发，经常按摩头部促进其血液循环；③保持心情舒畅，适当运动；④加强营养，不挑食，多食新鲜蔬菜、水果及高蛋白食物，满足身体及头发对营养的需求。

科普小知识：产后便秘怎么办？

由于生产后未及时补充水分、活动量减少、腹肌及盆底肌肉松弛，以及饮食结构不合理、精神心理等多方面的因素，宝妈妈们产后可发生便秘，多发生于产后 2~5 天。表现为排便次数减少，排便困难，粪便干硬。症状较轻的产后便秘一般无须就医，可通过进食麻油、高纤维食物，多饮水，适当增加活动量及缩肛运动进行调节，并适当用开塞露帮助排便。症状较重时建议就医，排除是否有其他隐匿性疾病。

科普小知识：产后腹直肌分离怎么办？

腹直肌分离指双侧腹直肌在腹中线部位分离，间距超过 2cm。几乎所有的孕晚期女性都会发生不同程度的腹直肌分离，产后 6 月内腹直肌分离程度逐渐恢复，但不是所有的宝妈妈都能恢复正常。长期腹直肌分离可使脊柱和骨盆的稳定性下降，不仅导致整体姿态变化，而且还可增加腰背部疼痛及慢性疼痛的风险。

如何检测是否有腹直肌分离？最简单的方法是到医院进行相关超声检查。其次是自己在家检查：平躺床上，双腿双膝屈曲、双手抱头做仰卧起坐的姿势，当双肩离开床面时用一手食指和中指在肚脐及其上下 4.5cm 三个地方测量两侧腹直肌之间的距离，若达到或超过 2 指宽就可诊断为腹直肌分离，见图 6-1。

腹直肌分离怎么办呢？结合我国《产后腹直肌分离诊断与治疗专家共识》，建议对于产后半年 2~3 指的腹直肌分离可

图6-1　腹直肌分离

暂时不给予特殊处理，可通过腹式呼吸、核心力量锻炼促进恢复，避免仰卧起坐及腹部卷曲。对于大于3指的腹直肌分离建议及早到有资质的医院进行康复治疗，包括电刺激治疗、中医治疗、手术治疗。

第七篇 新生儿期健康促进

一、健康状况

新生儿指的是胎儿从母亲的子宫娩出，结扎脐带那一刻起，至出生后满28天的婴儿，这段时期称为新生儿期。新生儿脱离母体后需要经历一系列复杂的变化才能适应新环境，维持其生存和健康发展。

（一）新生儿的生理特点

1. 外观特征

（1）新生儿胎毛少，哭声响亮，皮肤红润，头发分条清楚，耳壳软骨发育正常。

（2）乳晕清晰，乳房可摸到0.4~0.7cm大的结节。

（3）指（趾）甲的长度超过指（趾）尖。

（4）男婴睾丸降入阴囊。

（5）女婴大阴唇完全遮盖小阴唇。

（6）足底掌纹多，且交错排布。

（7）四肢肌张力好。

科普小知识：Apgar 量表

Apgar 量表（Apgar test）是一种快速评估新生儿心率、呼吸、皮肤颜色、肌肉弹性和反射的工具，临床常用 Apgar 量表对新生儿进行评估，来测量围生期的压力状况和判断新生儿

是否马上需要医疗帮助。表格主要包括五个标准特征（心跳速率、呼吸尝试、肌肉弹性、身体颜色和反射敏感性）来检查婴儿的生理状况，每个指标评分从0~2分，记录在Apgar量表上的得分的范围可以从0~10，得分越高，表明状况越好（表7-1）。

表7-1　新生儿健康状况测查——Apgar量表

特征	0(得分)	1(得分)	2(得分)
心率	无	慢(少于100次/分钟)	大于100次/分钟
呼吸测试	无	缓慢或无规律	良好,婴儿大声啼哭
肌肉弹性	肉松弛、软弱无力	柔弱、有些起伏	强劲,动作活跃
皮肤颜色	青或白	身体粉红色,四肢发青	通体粉红
反应敏感性	无反应	皱眉,面部表情痛苦,或微弱地哭泣	大声啼哭,咳嗽,打喷嚏

注：在Apgar量表中首字母代表测试的五个标准：A=外表，P=脉搏，G=面部表情痛苦，A=活动水平，R=呼吸测试。

2. 体温　新生儿体温调节中枢发育尚不成熟，皮下脂肪薄，棕色脂肪少且体表面积大，致使产热偏低，体温易波动。一般情况下，新生儿体温在37~37.5℃（腋下）之间为正常。

科普小知识：新生儿测量体温的方法及注意事项

测量方法：如何正确选择新生儿体温测量方法成为近年来研究的热点。新生儿体温测量应结合新生儿的体重、日龄、病种、环境等情况进行综合考虑，从而选择最佳的部位进行体温测量。目前，新生儿常见的体温测量部位包括肛门、腋窝、臀部、腰部、肩胛部等。

Hiscock建议新生儿每天所需睡眠时间为注意事项：①测量时要保持室温22~24℃，相对湿度50%~60%，在新生儿四肢温暖、末梢循环良好的情况下进行；②尽量保持新生儿安静；

③皮肤要保持干燥清洁，避免因皮肤上的血迹及胎脂导致体温测量数值偏低；④测体温前 30 分钟停止喂奶；⑤沐浴后 30 分钟内不宜测体温；⑥查看或测量体温计不能离空调或暖气太近，以免所测数值不准确。

3. 心律和心率 新生儿心脏有杂音和心律不齐是正常现象。新生儿心率波动范围一般较大，正常足月新生儿的心率平均每分钟 120~160 次为正常。

4. 血压 新生儿的心脏容量小，每次排血量少，动脉管径较粗，动脉壁柔软，故血压偏低，正常新生儿血压平均为 70/50mmHg。

5. 出生体重 新生儿出生体重是新生儿健康的重要标志，其对宫内发育状况、疾病筛查、喂养方案、营养干预策略的制定及健康风险的预测具有重要的临床意义。新生儿的正常体重为 3000~4000g。低出生体重儿是指出生体重低于 2500g 的新生儿，常见于孕 28~37 周分娩的早产儿；巨大儿是指出生体重高于 4000g 的新生儿。

6. 身长 新生儿出生时的平均身长是 50cm，身长的性别差异约 0.5cm。出生后 1 个月身长增加 3~5cm 为正常。新生儿出生时的身长与遗传关系不大，但进入婴幼儿期，身长增长即呈现个体差异。

7. 正常头围 新生儿的头围大小存在差异，正常足月新生儿头围为 32~34cm，±2 个标准差范围算正常，男婴 32.16~36.64cm，女婴 31.93~36.09cm。正常测量头围的方法为前额眉弓上缘与后脑勺最高处所在平面的周长（图 7-1）。

8. 呼吸系统

（1）呼吸频率：新生儿出生啼哭后开始用肺呼吸。新生儿肺部容量很小，每次呼吸的绝对量小，代谢十分旺盛，对氧气需求量大，呼吸频率较快，安静时每分钟 35~45 次。

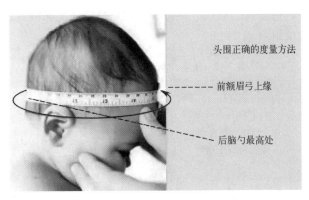

图7-1　新生儿头围的正确测量方法

（2）呼吸节律：新生儿因呼吸调节中枢功能尚不完善，容易出现呼吸节律不齐，呼气与吸气的间歇不均匀，深浅呼吸相交替。

9. 大便

（1）胎便：胎便是指新生儿出生最初2～3天内排出的大便，总量为100~200g，通常无臭味、质地黏稠、颜色呈墨绿色，主要是胎内吞入含大量胆汁色素的羊水、胎儿脱落的胎毛和胎脂等物质所形成的，一般3~4天排完。一般出生后12小时内开始排出，若出生后24小时内未见胎便排出，应注意检查有无消化道畸形，或有无胎粪黏稠综合征。

（2）过渡期大便：新生儿出生后4天左右，大便颜色由于喂养食物的影响逐渐变成黄绿色，然后逐渐进入黄色的正常阶段，此为"转换便"。

（3）正常大便：新生儿期的大便因母乳或配方奶的差异而呈不同的形态。母乳喂养的新生儿大便3~7次/日，黄色糊状；配方奶喂养的新生儿大便2~4次/日，淡黄黏稠。

10. 尿量、尿色　新生儿一般在出生后24小时内开始排尿，尿液清亮微黄。如果新生儿出生后48小时内还未排尿，则为异常，需要请医生查找原因。新生儿膀胱小，肾脏浓缩功能不成熟，随着喂奶量的增加，每天的排尿次数可以多达20次。

11. 原始神经反射　一般来说，新生儿出生后常见的原始神经

母婴健康知识必读

反射主要包括觅食、吸吮、握持、拥抱、踏步和交叉前腿反射，均属于正常反射（表7-2）。

表7-2　新生儿常见的原始神经反射

反射类型	激发方式	动作反应描述	出现年龄	消失年龄
觅食反射	手指或乳头轻触新生儿口角或面颊部	新生儿头转向被触摸侧，嘴巴张开	出生前	第3~4个月
吸吮反射	将乳头或手指放在新生儿两唇之间或口内	新生儿会嘴唇翻起，舌头向里卷曲，出现吸吮动作	出生前	第4个月
握持反射	手指或笔杆触及新生儿手心	四指屈曲握紧不放	出生前	第3个月
拥抱反射	一手托住新生儿背部，另一手托住头颈部，然后突然放低新生儿头部，使头颈部后倾10°~15°	双臂向外侧外展伸直，手指伸开，双腿伸直，然后双臂向胸前屈曲内收，呈拥抱姿势	出生时	第4~5个月
巴宾斯基反射	沿着足底外侧轻轻划动	所有的脚趾伸展开来	出生时	第4个月
踏步反射	两手托住新生儿腋下，使身体直立、稍向前倾，足底与床面或桌面接触	新生儿会自动地出现踏步动作或开步走的姿势	出生时	第2个月
交叉伸腿反射	新生儿仰卧位，在膝关节处用手按住使腿伸直，再刺激同侧足底	对侧下肢会先屈曲，后伸直内收，内收动作强烈时可将腿放在被刺激的腿上	出生时	第2个月
不对称性颈张力反射	仰卧位时将新生儿头部转向一侧	与脸同侧手臂和腿伸展，对侧肢体屈曲	1个月	第4个月

12. 感知觉

（1）视觉：新生儿已有视觉感应功能，但只能分辨明暗，能看清楚的视力范围只有15~20cm。胎龄37周后的新生儿照射光，即可引起眼的反射。

（2）听觉：新生儿出生后3~7天听觉逐渐增强，听见响声可

126

引起眨眼等动作。

13. 睡眠情况 新生儿的脑沟和脑回还未发育成熟，每天的睡眠时间长达 16~20 小时。此外，新生儿的睡眠周期比成人短，浅睡眠时间较长，夜间很容易醒，并且很难再入睡。澳大利亚儿童研究所的专家 Harriet Hiscock 建议新生儿每天所需睡眠时间为 14~17 小时（图 7-2）。

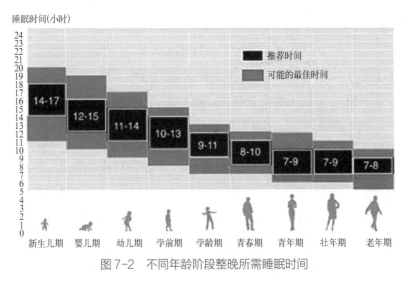

图 7-2 不同年龄阶段整晚所需睡眠时间

（二）新生儿的生理现象

1. 生理性体重下降 新生儿出生后的前 2~4 天，因身体部分水分丢失、胎粪和小便排出等原因，可出现短暂性体重下降，一般下降程度不超过出生体重的 8%。出生后 4~5 天开始回升，7~10 天即可恢复至出生体重，这种现象医学上称为"生理性体重下降"，属于正常的生理现象（如 7-3）。当新生儿体重恢复后，随着日龄和吃奶量的增加，体重迅速增长，一般每天可增长 25~30g。正常情况下，在新生儿期体重增长应该大于 600g，最多以不超过 1000g 为宜，一般满月时体重为 4.6~4.90kg。

2. 生理性黄疸 足月新生儿生理性黄疸一般在出生后 2~3 天

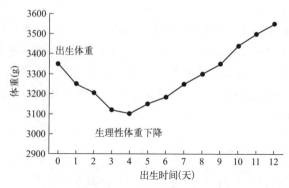

图 7-3　新生儿生理性体重下降的趋势图

出现，出生后 5~7 天达高峰，一般两周内消退。早产儿生后 3~5 天出现生理性黄疸，消退时间可延迟到 3~4 周。症状较轻微，全身皮肤呈淡黄色，程度轻，新生儿精神好，吃奶正常，无其他临床症状，不需要特殊治疗。生理性黄疸和病理性黄疸的区别见表 7-3。

表 7-3　生理性黄疸和病理性黄疸的区别

类别	生理性黄疸	病理性黄疸
发生时间	足月儿生后 2 天~3 天出现 早产儿生后 3 天~5 天出现	出生后 24 小时内出现，或反复出现
消退时间	足月儿一般 2 周内消退 早产儿在 3 周~4 周消退	消退时间晚，消退时间长，达到高峰时间减退后又开始加重
黄疸程度	程度一般不深，呈淡黄色，只限于面部和上半身；前臂、小腿、手心及足心常无明显黄疸	黄疸程度严重，全身都可能出现；手心、足底和皮肤黏膜明显发黄
胆红素水平	足月儿：TCB<12.9mg/dL 早产儿：TCB<15mg/dL	TCB>12.9mg/dL，进展快，每天上升 5mg/dL

注：TCB 表示胆红素值。

3. 乳腺增大　新生儿出生后 3~5 天，男、女新生儿均可发生乳腺肿大，切勿挤压，以免感染。一般在生后 2~3 周内自然消退。

4. 假月经　有些女婴出生后 5~7 天阴道会流出少量血性分泌

物，可持续 1 周。这是因为妊娠后期母亲雌激素进入胎儿体内，出生后突然中断所致，形成类似月经的出血，一般不必处理，注意保持外阴卫生即可。

5. 新生儿马牙　新生儿马牙是指在孩子的口腔上颚中线和牙龈等部位出现黄白色、米粒大小的颗粒（图 7-4），是由上皮细胞堆积而成，或者由于黏液腺分泌物积留而形成，俗称为"马牙"，一般在数周后自然消退，不需要家长特殊处理。

6. 粟粒疹　粟粒疹是新生儿常见的皮疹之一。新生儿刚出生前几天可见鼻子尖上有白点（图 7-5），这是皮脂腺堆积形成的，是新生儿适应环境变化的一种生理反应，无须特殊处理，约 5 天后就会自行减少。

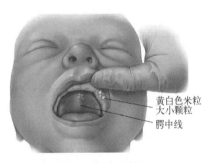

黄白色米粒
大小颗粒
腭中线

图 7-4　新生儿的马牙

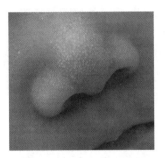

图 7-5　新生儿的粟粒疹

二、喂养方法及营养

（一）母乳喂养的理由

1. 营养成分及比例最合适　母乳是婴儿最理想的天然食物，对婴儿健康的生长发育有着不可替代的作用。健康、均衡的母乳可以为足月婴儿提供正常生长至 6 个月所需要的全部营养。母乳中所含的营养物质极为丰富，完全满足婴儿的生长需求，是婴儿无可代替的食品。母乳的营养成分和量会随着宝宝长大不断地变化，以适应宝宝的生长需要，所以母乳喂养一般都能保证最佳的生长发育。他们很少像人工喂养的婴儿那样过于肥胖。世界卫生组织（WHO）关于儿童喂养方面的建议是：6个月内纯母乳喂养是儿童最佳食物，之后添加辅食，同时继续喂养母乳至2岁或2岁以上。

2. 让宝宝头脑更聪明，眼睛更明亮　据最新研究，母乳甚至可以提高宝宝智商。研究发现，母乳中含有对脑发育有特别作用的牛磺酸，一种宝宝必需的氨基酸，其含量是牛奶的10~30倍。因此再也没有比母乳更好的天然智力食品了。母乳喂养的婴儿视敏度高于人工喂养的婴儿，其中的奥秘在于母乳中的长链多不饱和脂肪酸家族对视觉敏锐度有着促进作用，其中最重要的是 DHA 和 AA（花生四烯酸）。

3. 增强宝宝的免疫力　母乳中含有抗体及其他免疫物质，能抑制微生物生长，可保护婴儿免受细菌和病毒侵袭，从而减少宝宝呼吸道和肠道感染的发生，少生病。母乳中不含常见的食物过敏原，又可抑制过敏原从肠道进入体内，因此母乳喂养还是预防婴儿食物过敏的好方法。

4. 最利于宝宝消化吸收　母乳中的蛋白质分为乳清蛋白和酪蛋白，其中乳清蛋白量占2/3，营养价值高，在胃中遇酸后形成乳状颗粒，凝块较牛乳小，易于消化。人乳蛋白质为优质蛋白质，利用率高。脂肪中主要是中性脂肪，其中的甘油三酯易于吸收利用。母乳中的矿物质含量明显低于牛乳，可保护尚未发育完善的肾功能；钙磷比例适宜，钙的吸收率高。母乳铁和锌的生物利用率都高于牛奶。

5. 经济、方便、卫生　母乳自然生产，无须购买，故母乳喂养与人工喂养相比可节省大量的资源。母乳是新鲜、清洁无菌、温度适宜的营养食物，不需要特别地配比冲调，哺乳非常方便。由母亲直接抱着喂乳，肌体接触机会多，还能及时发现婴儿的冷暖、疾病，便于及早诊治。

6. 促进产后恢复，增进母子交流　哺乳可帮助子宫收缩、推迟月经复潮及促使脂肪消耗等。哺乳过程中母亲可通过与婴儿的皮肤接触、眼神交流、微笑和语言及爱抚等动作增强母子间的情感交流，有助于促进婴儿的心理和智力发育。母乳喂养除对婴儿和母亲近期的健康产生促进作用以外，也对其产生远期效应。如母乳喂养的儿童，其成年后肥胖、糖尿病等疾病的发病率较低；哺乳可能降低母亲以后发生肥胖、骨质疏松症、乳腺癌及卵巢癌的可能性。

（二）母乳喂养的方法

1. 早开奶

（1）婴儿出生后要尽早开奶（出生后半小时至 1 小时）。早开奶是母乳喂养成功的关键，通过婴儿吸吮对乳头的刺激，母亲产生一系列神经反射和内分泌活动，垂体释放催乳激素，促使乳房分泌乳汁。所以婴儿越早吸吮乳头（也就是早开奶），乳汁分泌就开始得越早，乳汁也更加充足。产后开奶越早越好，对乳头越早进行刺激，越有利于开奶和母乳喂养。一般情况下，自然分娩的母亲可在产后半小时内让婴儿吮吸自己的乳房。剖宫产的母亲如果不能马上开奶，应在产后半小时内用吸奶器把乳汁吸出来。最晚不应超过 6 小时，以免发生回奶影响乳汁分泌。早开奶不仅可以刺激母亲的乳房尽早分泌乳汁，帮助婴儿尽快排出胎便，还可以加速母亲的子宫收缩，促进母子之间的感情，对母亲和婴儿都大有好处。开奶顺利与否直接影响到之后母乳喂养的效果，因此母亲一定要做好早开奶。另外，初乳营养丰富，非常珍贵，如果无法早开奶而耽误为婴儿提供初乳，那就太可惜了。

（2）开奶的方法

一是婴儿吸吮。分娩后，应尽早让婴儿反复吸吮母亲的乳头，即使没有奶水，也要让婴儿多吸、勤吸，婴儿吸得越勤，吸吮的次数越多，母亲分泌的乳汁也就越多，这是开奶的关键。母亲产后体内的激素水平发生了变化，一旦婴儿吸吮母亲的乳头，就可刺激母亲乳头的神经末梢，从而产生泌乳反射。母亲分娩后 2 小时内应尽早与婴儿进行皮肤接触。只要婴儿表现出吸吮意愿，母亲就应该满足婴儿。分娩后 1~2 小时内婴儿通常反应积极，表现活跃。大部分婴儿出生后半小时到 1 小时内都有吃奶意愿，但是没有固定的时间。如果第一次哺乳推迟 1 小时，就会直接影响之后母乳喂养是否能够成功。

二是按摩、热敷乳房。用水热敷乳房，以促进乳房局部的血液循环，然后再配合按摩来刺激乳房分泌乳汁。可以由乳头中心向乳晕方向环形擦拭，两侧乳房轮流热敷 15 分钟，同时双手分别放于乳房的上方和下方，以环形方式按摩整个乳房。还可以一只手托住乳房，另一只手的食指和中指以螺旋形向乳头方向按摩。

2. 母乳喂养的技巧

（1）母乳喂养的姿势：母乳喂养主要有躺着喂养和坐着喂养两种方式。躺着喂适合刚分娩后的几天，有助于母亲恢复体力。坐着喂养是最常见的喂奶方式，好处是奶水流出比较快，并且不容易通过咽鼓管流到孩子中耳，使孩子患中耳炎；缺点是比较耗费体力，不适合在妈妈刚刚生产完毕，体力还没有恢复时实行。

躺着喂奶的方法：母亲和孩子面对面侧卧在床上，使孩子的鼻头正对着母亲的乳头，一只手搂紧孩子的臀部（不要搂孩子的头部，否则一旦母亲在喂奶过程中睡着，孩子的鼻子很容易被乳房堵住，从而造成呼吸困难或窒息），另一只手呈"C"字形托起乳房送进孩子嘴中，让孩子含住乳晕吸吮（图 7-6）。

坐着喂奶的方法：坐在有靠背的沙发或床上，将孩子横抱在腹部，使孩子的肚皮和母亲的肚皮贴紧（头和身子成一条直线），孩子的鼻头正对母亲的乳头，一只手托住孩子的臀部，另一只手托起乳房送进孩子嘴中，让孩子吸吮（图 7-7）。

（2）宝宝含乳的正确姿势：宝宝吃奶时，如果只含住乳头是吸不到乳汁的。每次喂奶前先将乳头触及婴儿的嘴唇，刺激婴儿口张大，使其能大口地把乳头和乳晕吸入口内（图 7-8），在婴儿吸吮时挤压乳晕下的乳窦，使乳汁排出，又能有效地刺激乳头上的感觉神经末梢，促进泌乳和排乳反射。宝宝正确的含乳方式可以刺激妈妈的乳腺泌乳，也可以避免乳头发生破裂。

图 7-6　母乳喂养躺喂姿势

图 7-7　母乳喂养坐喂姿势

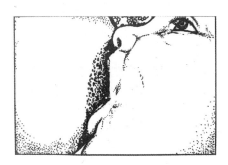

图 7-8　宝宝含乳衔接姿势

　　另外，妈妈在哺乳时，不要让乳房压住宝宝的鼻子，如果压住了，妈妈可以轻轻地把乳房向里按得凹陷一点，给宝宝留出呼吸空间。

　　衔接良好与不好的状态见表 7-4。

表 7-4　衔接良好与不好的状态

良好状态	不好的状态
婴儿嘴上方有更多的乳晕	婴儿嘴下方有更多的乳晕
婴儿嘴张得很大	婴儿嘴未张大
下唇向外翻	下唇向内
婴儿下颌碰到乳房	婴儿下颌未贴到乳房

（3）哺乳过后，竖抱宝宝：宝宝吃饱以后，妈妈不要立即将其放在床上，这样宝宝容易溢乳，最好把宝宝竖着抱起来，让宝宝的头趴在妈妈的肩膀上，然后轻轻拍打宝宝的背部，帮助宝宝打嗝。这样宝宝就会把吃奶时吃进肚子里的空气排出来，再躺下就不容易打嗝了。

3. 母乳喂养的要点

（1）哺乳的时间：吸吮持续时间取决于婴儿的需要，一般以15~20分钟为宜。哺乳时应做到两侧乳房轮流排空，每次应先吸空一侧，然后再吸另一侧，下次调换吸吮顺序，轮流交替。哺乳时间不宜过长，否则会导致婴儿吃空奶而吸进较多空气，易引起腹痛或呕吐。让婴儿吸空一侧乳房后再吸另一侧，下次哺乳时先后次序交替，使两侧乳房均有排空的机会，并挤空剩余的乳汁，这样可以促进分泌更多的乳汁。喂母乳期间不能让婴儿吸吮橡皮奶头，必要时用匙喂，以免婴儿产生乳头错觉，拒吸母乳，造成母乳喂养困难。尽量让宝宝的口和下颌紧贴妈妈的乳房，这样宝宝就会主动把整个乳晕都含在口中。

（2）按需喂奶：不强求喂奶次数和时间。以往要求母亲定时定量喂奶，研究表明，这种规定并不科学。按需哺乳意味着只要婴儿和母亲愿意，可随时哺乳，不限时、不限量。一般每天喂奶的次数可能在8次以上，出生后最初会在10次以上。只要哺乳姿势正确，婴儿愿意吸吮多久都可以，有些婴儿吸吮几分钟就能吃饱，有些婴儿要半个小时，尤其是在出生后的1~2周内较为常见。这些都是正常表现。先让婴儿吃空一侧乳房，然后再吃另一侧乳房。婴儿如果吃饱了，就不必每次都用两侧乳房喂奶，但应将另一侧乳房的乳汁用吸奶器吸出。母亲可以在下次喂奶时先从上次未吃的一侧开始，这样两侧乳房有相同的被刺激机会。

（三）配方奶粉喂养

1. 哪些情况下选择配方奶喂养？

（1）婴儿患有半乳糖血症、苯丙酮尿症、严重母乳性高胆红素血症。

（2）母亲感染 HIV、人类 T 淋巴细胞病毒、水痘-带状疱疹病毒、单纯疱疹病毒、巨细胞病毒、乙型肝炎和丙型肝炎病毒、结核分枝杆菌期间，以及滥用药物、大量饮用酒精性饮料、吸烟，使用某些药物，接受癌症治疗和密切接触放射性物质。母亲患其他传染性疾病或服用药物时，应咨询医生，根据情况决定是否可以哺乳。

2. 奶粉配置的正确方法 配方奶粉尽量现配现用。应严格按照产品说明书的方法进行奶粉调配，避免过稀或过浓。奶粉放入水中后用手握住奶瓶，向一个方向轻轻晃动，防止力量过大出现气泡，否则宝宝喝完奶粉后会出现打嗝、胀气，甚至溢乳。调好的奶应于 2 个小时内用完；超过 2 个小时就不要给宝宝喝了，配方奶粉营养丰富，储存不当，容易滋生细菌。不建议用微波炉热奶，避免奶液受热不均或过烫，可用温奶器加热。

3. 宝宝喝配方奶的量 人工喂养的宝宝每次喂奶的量可根据宝宝的体重来调配，一般来说，宝宝体重与每日食量的关系为每 453g 对应 75mL。宝宝出生的 10 天里，每天的吃奶量是不尽相同的。出生 7~15 天的新生儿一般每 3 小时吃 1 次奶，每次吃奶 60~90mL，并在 10~20 分钟内吃完较为合适。2~3 个月的宝宝一般每 3 小时吃 1 次奶，每次 120~150mL，每日吃 6 次。到 6 个月时，每 24 小时吃 4~5 次奶，每次 180~240mL。新生儿喂奶的时间间隔和次数应根据宝宝的饥饿情况来定，有的宝宝胃容量较小或者消化较快，每隔约 2 个小时，胃就会排空，有的宝宝胃容量较大或消化速度较慢，两次喂奶间隔时间较长。一般来说，每隔 3~4 小时喂 1 次，在晚上可以 4 小时喂 1 次，最长不超过 4 小时。当然，不同的宝宝每次吃奶的量也有所差异，以上内容只是提供参考，新手妈妈要根据宝宝的具体情况进行调整。一般而言，只要宝宝睡眠正常，大便正常，体重增加稳定，就说明宝宝目前吃奶量适宜，爸爸妈妈就不必担心。

4. 奶瓶喂养的正确姿势 要坐起来喂，喂奶的这一侧上肢要抬高 45°，让奶水充满整个奶嘴和瓶颈后再放入宝宝口中，避免吸入过多的空气（图7-9）。奶嘴孔的大小会影响到奶水的流量，要留意奶嘴孔的大小是否合适。孔太小，宝宝吸奶就非常费劲；孔太大，奶水流量过快，容易呛到宝宝。

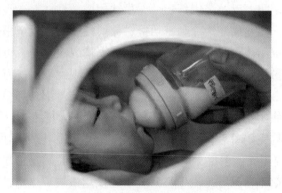

图7-9　奶瓶喂养的正确姿势

三、日常生活技巧

（一）如何判断母乳量是否充足

母亲可从自身乳房变化和婴儿吃奶前后的表现判断奶量是否充足，也可以通过观察尿量和体重增长情况来判断。

（1）喂奶前乳房有胀满感，局部表皮静脉清晰可见，喂奶时有下奶感觉，喂奶后乳房变软。吸吮时能听到连续吞咽声，有时随着吸吮，奶水会从婴儿口角溢出。婴儿开始吸奶时，常常急速有力地吸吮，3~5分钟后会吸到大部分乳汁，继而吸力变小，吃饱后婴儿会自动松开乳头。

（2）观察尿量：如每天8~10次以上且每次尿量不少，则表示婴儿每天摄入的乳量不少。

（3）观察体重生长：婴儿出生10天后，每天体重增长18~30g，1周约125g。6个月内婴儿每月增长600g以上，说明母乳充足，能满足婴儿生长需要。

（二）新生儿护理

1. 防止吐奶　母乳喂养或者配方奶喂养时常常会吞入一些空气，这会让孩子感到不舒适而哭闹导致吐奶，因此喂养后可以给孩子适当拍嗝，以帮助排出吞入的空气防止吐奶。拍嗝的方法是将孩子竖直抱起在胸前，头靠在您的肩上（注意不要捂住口鼻），一只手扶住孩子的头和背，另一只手窝成空心状在背上轻轻拍打（图7-10）。也可以让孩子坐在您的膝盖上，一只手支撑着胸部和头部，另一手轻轻拍打。

图7-10　竖抱的方法

2. 洗澡　推荐新生儿第一次沐浴时间推迟至生后24小时之后，延长了胎脂保留时间，保护皮肤免受感染，防止经皮水分丢失，保持皮肤清洁和滋润，帮助皮肤形成适当的pH值（5～5.5），有助于体温稳定以防止体温过低；洗澡前调节水温为38～40℃，将新生儿用柔软的毯子包裹后，清洗面部及头部，然后将肩部及以下部位浸泡在水中，依次清洗上肢、下肢、颈部、胸腹部、背部、会阴部，清洗过程中仅暴露清洗部位，洗完后立即将新生儿包裹入干燥预热的毛巾中，完成沐浴，总时间不超过 5 分钟。

3. 臀部护理　建议采用婴儿专用一次性湿巾替代棉布清洗臀部。防止尿布皮炎的主要方法有使用含凡士林或氧化锌的护臀膏、鞣酸软膏或者采用暴露臀部等；不建议常规使用抗生素药膏预防和治疗尿布皮炎，仅在局部感染时使用。皮肤接触尿液和粪便可导致新生儿尿布皮炎。选择尿不湿时要选择适合宝宝的。如果发生尿布皮炎，建议有条件地暴露皮肤，无条件的可以每 2~3 小时检查 1 次尿不湿并及时更换，随时保持皮肤清洁干燥，并涂擦鞣酸软膏等保护剂，如果皮肤溃烂比较严重应及时就医，防止进一步感染。

4. 脐部护理　脐带残端应暴露在空气中，并保持清洁、干燥，如脐带残端无感染征象，则不需在脐带残端使用任何药物或消毒剂，一般情况下会在 1 周左右脱落，如果出生后 3 周仍未脱落，可以在相应的医疗机构正规处理；如果脐部出现分泌物或感染的情况，可以使用 75% 酒精从脐带根部从内向外螺旋式消毒，使用的棉签不可反复使用。

5. 润肤剂的选择　润肤剂能帮助新生儿维持皮肤状态稳定，降低皮炎发生的风险。使用润肤软膏不会增加早产儿的感染率、病死率或其他疾病的发生率；研究还发现植物油可促进早产儿体重增长。常用润肤剂包括凡士林软膏和橄榄油、葵花籽油、椰子油等矿、植物油剂。不能使用含致敏性香料、染料、酒精和易致敏防腐剂；涂抹时应轻柔，避免用力摩擦，以免损伤皮肤。

（三）促进新生儿睡眠的方法

新生儿是一个特殊的群体，在新生儿离开子宫后外界环境相对较为陌生，而陌生的环境对新生儿生长发育存在一定的挑战。睡眠质量的好坏会影响新生儿的成长发育，如身高、情绪、免疫力及视力等。造成新生儿睡眠质量差的原因最重要的因素是由于缺乏安全感。

研究发现，应用鸟巢式护理（图 7-11）能有效改善睡眠质量，增加睡眠时间，降低并发症，提高生命质量。

图 7-11　鸟巢式包裹

　　袋鼠式护理是采用类似袋鼠照顾新生儿的方式，将新生儿直立式贴在母亲胸口的护理方式（图7-12）。研究发现，此方法能使新生儿感受到母亲的心跳、呼吸和体温，通过和母亲的皮肤接触，让新生儿感觉处于类似子宫的环境中，给予新生儿包围感和安全感，提高新生儿睡眠质量，同时促进神经行为和体格生长发育。

图 7-12　袋鼠式护理

（四）新生儿是否会交流

　　新生儿生下来就会看、听，有嗅觉、味觉、触觉、活动和模仿等能力，也具备了和大人交往的能力。

1. 哭声是新生儿最主要的交流方式　宝宝会用不同的哭声表达不同的需要。正常新生儿有响亮婉转的哭声，其哭有很多原因，如饥饿、口渴或尿布湿了等，还有在入睡前或刚醒时不明原因的哭闹，一般在哭后都能安静入睡或进入觉醒状态。生病的新生儿的哭声常常表现为高尖、短促和沙哑或微弱等，如遇到这些情况应尽快找医生。大多数新生儿哭时，如果把他抱起竖靠在肩上，宝宝不仅可以停止哭闹，而且会睁开眼睛。有研究表明，新生儿哭时，可以通过和宝宝面对面说话，或把手放在宝宝的腹部，或按握住他的双手，约70%哭着的新生儿可以停止哭闹。过去有人认为小婴儿哭不用抱，以免以后经常要人抱、费时间。其实，这种看法是错误的。因为宝宝发出要和你交流的信息，你不应答，他以后就不愿意发出信号了。这样做不利于宝宝的智力发展。

2. 用表情交流　如通过注视、皱眉或微笑等和你交流，使你了解他的意愿。父母可以细心地体会。如果父母从新生儿期能敏感地理解新生儿的表示，就可以促进新生儿交流能力的发展。

3. 用眼神交流　当宝宝觉醒睁开眼睛时，妈妈抱起他，面对面，宝宝会注视你的脸（图7-13）。而别人说话他不理会，说明他对妈妈的声音有偏爱。

图7-13　妈妈和孩子的眼神交流

四、抚触

新生儿时期作为生长发育的关键期，对新生儿实施抚触，可以刺激感觉器官的发育和神经系统的发育，并增强对外在环境的认知。在抚触的过程中，还能促进孩子与父母之间的情感交流。系统的抚触，可以让宝宝获得安全感，有利于生长发育，增强免疫力，增进食物的吸收和利用，减少哭闹，提高睡眠质量，促进孩子健康成长。

（一）主要步骤

1. 评估宝宝的状况 体温、沐浴后情况。
2. 评估环境 温度、湿度。

（二）准备

1. 抚触者 衣着干净整洁。
2. 用物 平整的操作台、室内温度计、润肤油、尿不湿、衣服。
3. 环境 清洁、安静，室内温度 26~28℃，冬季应开启暖空调或取暖器，以防着凉。
4. 抚触准备 确保宝宝 10~15 分钟内不受打搅，播放一些柔和的轻音乐，抚触时机最好选择在婴儿沐浴后。

（三）操作步骤

1. 抚触者先温暖双手，倒一些婴儿润肤油于掌心。
2. 进行抚触动作，动作开始要轻柔，慢慢增加力度，每个动作重复 4~6 次。
3. 抚触的步骤：头面部→胸部→腹部→上肢→下肢→背部。
（1）头面部（舒缓脸部紧绷）：取适量润肤油，从前额中心处用双手拇指向外推压，划出微笑状。眉头、眼窝、人中、下巴，同样用双手拇指往外推压，划出一个微笑状（图 7-14）。

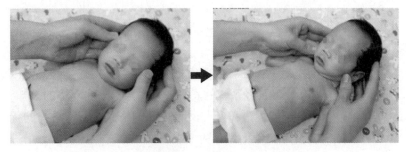

图 7-14　头面部抚触

（2）胸部（顺畅呼吸循环）：两手分别从胸部的外下方（两侧肋下缘）向对侧上方交叉推进，至两侧肩部，在胸部划一个大的交叉，避开新生儿的乳头（图 7-15）。

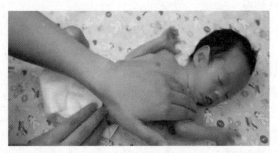

图 7-15　胸部抚触

（3）腹部（促进肠胃活动）：按顺时针方向按摩腹部，用手指尖在婴儿腹部从操作者的左边向右按摩，操作者可能会感觉气泡在指下移动（图 7-16）。可做"I LOVE YOU"亲情体验，用右手在婴儿的左腹由上往下画一个英文字母"I"，再依操作者的方向由左至右画一个倒写的"L"，最后由左至右画一个倒写的"U"。在做上述动作时要用关爱的语调说"我爱你"，传递爱和关怀。

（4）上肢（增加灵活反应）：①两手交替，从上臂至腕部轻轻地挤捏新生儿的手臂；②双手夹着手臂，上下轻轻搓？肌肉群至手腕；③从近端至远端抚触手掌，逐指抚触、捏拿婴儿手指；④同样的方法抚触另一上肢。如图 7-17。

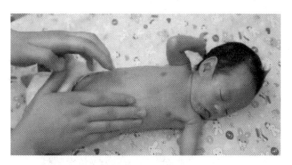

图 7-16　腹部抚触

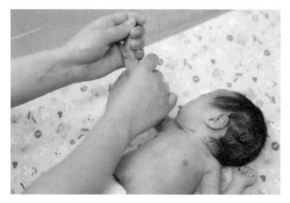

图 7-17　上肢抚触

（5）下肢（增加运动协调功能）：①双手交替握住新生儿一侧下肢，从近端到远端轻轻挤捏；②双手夹着下肢，上下轻轻搓？肌肉群至脚踝；③从近端到远端抚触脚掌，逐趾抚触、捏拿婴儿脚趾；④同样的方法抚触另一下肢。如图 7-18。

（6）背部（舒缓背部肌肉）：①双手与脊柱平行，运动方向与脊柱垂直，从背部上端开始移向臀部；②用食指和中指从尾骨部位沿脊椎向上抚触到颈椎部位；③双手在两侧臀部做环形抚触。如图 7-19。

4. 穿好尿不湿、衣服。

5. 整理用物。

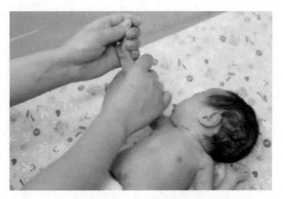

图 7-18　下肢抚触

图 7-19　背部抚触

（四）注意事项

1. 根据宝宝的状态决定抚触时间，避免在饥饿和进食后 1 小时内进行，最好在婴儿沐浴后进行，时间为 10~15 分钟为宜。

2. 抚触过程中注意观察宝宝的反应，如果突然出现哭闹不止、肌张力增高、面色改变等，应停止抚触。

3. 注意动作轻柔，用力适当，避免过轻或过重。

4. 抚触时保持环境安静，光线柔和，适宜的房间温度，可以播放轻柔的音乐，注意与宝宝进行语言和目光的交流。抚触可以刺激感觉器官和神经系统的发育，并增强对外在环境的认知。在抚触的过程中，还能促进孩子与父母之间的情感交流。系统的抚触，可以让宝宝获得安全感，有利于生长发育，增强免疫力，增进食物的吸收和利用，减少哭闹，提高睡眠质量，促进孩子健康成长。

扫一扫，看视频：婴儿抚触

五、第一次儿保

（一）人生中第一次儿保的时间及内容

1. 时间　宝宝出生后 3～5 天建议进行人生中的第一次儿保。

2. 内容　第一次儿保包含哪些内容呢？

（1）体格测量：医生会对宝宝进行准确的体格测量，留下每个宝宝的身高、体重、头围的准确数据，为以后做儿保时医生进行准确的个体分析打下基础。

（2）体格检查：医生会对宝宝进行全身的详细的体格检查，判断宝宝是否有异常情况，使有异常的宝宝能得到及时的检查及治疗。

（3）监测黄疸：因新生儿黄疸是新生儿的常见状态，程度不重的不需要处理，但胆红素达到一定高度后，便会对宝宝的身体产生损害（特别是大脑的损害），故需要严密监测。

（4）安排新生儿 NBNA 评分。

（5）完成新生儿疾病筛查。

（6）对家长进行养育指导。

（二）新生儿疾病筛查的内容及目的

新生儿疾病筛查在全球各国测查的项目不尽相同，目的均是提早发现问题，及时治疗，避免残疾，保护孩子的生命安全。所有的新生儿均应该进行新生儿疾病筛查，从而发现患有严重但有治疗可能的疾病的婴儿。我国的新生儿疾病筛查包括听力筛查和遗传代谢性疾病筛查。

1. 听力筛查 显著的永久性听力损失是一种常见的出生缺陷，每 1000 名新生儿中就有 2~3 例。据估计，新生儿中度、重度和极重度双侧永久性听力损失的患病率为 1/2500~1/900，每 1000 名新生儿中有 6 例超过 30dB 的单侧听力障碍，听力障碍可导致语言发育迟缓，行为和心理社会相互作用困难，以及长大后学习成绩差。新生儿听力筛查有助于先天性听力障碍患儿的早期发现和干预。早期干预能够显著改善患儿的语言习得和学习成绩。

所有的新生儿出生后均应进行听力筛查（图 7-20），在宝贝出生 48 小时后到出院前，医护人员会使用"筛查型耳声发射仪和/或自动听性脑干反应仪"给孩子完成听力筛查。此外，具有听力损失高危因素的新生儿，即使通过听力筛查仍应当在 3 年内每年至少随访 1 次，在随访过程中怀疑有听力损失时，应当及时到听力障碍诊治机构就诊。

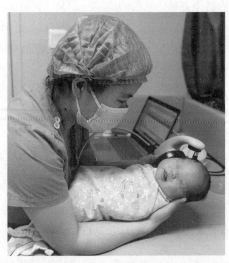

图 7-20　听力筛查

新生儿听力损失的高危因素包括：

（1）新生儿重症监护病房（NICU）住院超过 5 天；

（2）儿童期永久性听力障碍家族史；

（3）巨细胞病毒、风疹病毒、疱疹病毒、梅毒或毒浆体原虫（弓形体）病等引起的宫内感染；

（4）颅面形态畸形，包括耳郭和耳道畸形等；

（5）出生体重低于 1500g；

（6）高胆红素血症达到换血要求；

（7）病毒性或细菌性脑膜炎；

（8）新生儿窒息（Apgar 评分 1 分钟 0~4 分或 5 分钟 0~6 分）；

（9）早产儿呼吸窘迫综合征；

（10）体外膜氧；

（11）机械通气超过 48 小时；

（12）母亲孕期曾使用耳毒性药物或袢利尿剂，或滥用药物和酒精。

2. 遗传代谢性疾病筛查　我国新生儿遗传代谢性疾病筛查的主要项目包括：苯丙酮尿症（PKU）、先天性甲状腺功能减退症（CH）和听力障碍，某些地区则根据当地的疾病发生率选择如葡糖-6-磷酸脱氢酶（G6PD）缺陷病、先天性肾上腺皮质增生症等筛查，有些地区还采用串联质谱技术进行其他氨基酸、有机酸、脂肪酸等少见遗传代谢病的新生儿筛查。

遗传代谢性疾病筛查采血的时间：出生 72 小时以后至 7 天之内，并充分哺乳。对于各种原因未在这个时期采血的宝宝，必须在出生后 20 天内完成。

（三）了解新生儿 NBNA 评分

新生儿大脑的生长发育领先于其他器官，一出生就具备了感觉各种内外刺激并做出相应行为表现的能力。新生儿 NBNA 评分就是对新生儿行为能力进行科学测评的方法之一。通过对新生儿行为能力的测评能获得以下意义。

1. 能及早发现新生儿由于脑损伤引起的神经行为异常，充分利用早期神经系统可塑性强的特点，及早干预训练，以最大程度上使婴儿得到康复。

2. 可对新生儿窒息的预后做出较准确的预测。新生儿窒息是目前我国新生儿死亡的主要原因之一，存活者常遗留各种中枢神经系统后遗症。

3. 可对缺氧缺血性脑病（HIE）的预后有较为准确的估计。

4. 有利于优育和早期智力开发。父母在场的话可以了解新生儿的行为反射能力，增进双亲信心，加强训练，促进智力和体力的发育。新生儿 NBNA 评分分为行为能力、被动肌张力、主动肌张力、原始反射和一般反应 5 个方面。总分 40 分，≥37 分正常；36 分可疑，需要密切观察、复查；≤35 分则提示新生儿神经行为可能有问题。

六、并发症的防治策略

新生儿期疾病发展迅速，起病急，程度重，危害大，致残率及死亡率高，故应积极对新生儿期疾病所导致的并发症进行防治。引起新生儿疾病的因素具有多元化，分别有：①母体因素：种族、年龄、产次、环境、营养、身高、体重、社会经济地位、抽烟、疾病等；②胎盘因素：如胎盘早剥、胎盘老化、前置胎盘等；③胎儿因素：单脐动脉、脐带扭转、脐带真结、胎儿遗传代谢性疾病、先天性疾病等。在胎儿出生后引起新生儿长期后遗症的疾病主要有新生儿窒息、新生儿重症高胆红素血症、新生儿呼吸窘迫综合征等。

1. 新生儿窒息　新生儿窒息是出生前宫内、产时缺氧缺血所致的新生儿疾病。轻度窒息，可通过新生儿复苏纠正，并发症亦减少；但如果缺氧缺血时间长、程度重，易导致全身各功能脏器损伤，尤其是脑损伤，容易导致新生儿生长发育、行为能力及语言发育迟缓。

防治策略：首先，需加强产前孕妇的监测和保健，早期识别高危孕妇，改善营养，纠正不良生活习惯，减少新生儿疾病的发生。当新生儿并发症已经发生时，应给予及时治疗，改善预后。保持左侧卧位休息，及时查找引起新生儿并发症的原因，去除主观的高危因素；改善子宫血流以增加胎盘绒毛间隙的血供。对于临床治疗效果欠佳者，应加强胎儿监护，适时终止妊娠。治疗过程中改善妊娠结局需要产科和儿科共同协作努力来完成。给予及时的疾病治疗和儿童保健康复训练将改善新生儿的健康状况，早诊断、早治疗是防治新生儿并发症的根本措施。

　　2. 新生儿重症高胆红素血症　新生儿重症高胆红素血症是指血清中胆红素升高，大于 $342\mu mol/L$，即为重度。此病是新生儿时期的特发疾病，血清总胆红素水平越高、持续时间越长，发生胆红素脑病（俗称"核黄疸"）的风险越大，即血清游离胆红素通过血脑屏障进入大脑，使脑实质受影响，从而其所属区域的功能受到影响。

　　防治策略：准妈妈在孕期就应对血型、红细胞不规则抗体等与新生儿溶血相关的检查进行筛查，如有异常，早期处理。新生儿出生后，需对有发生高胆红素高风险人群进行识别、筛查，从而早期制定经皮胆红素或血清胆红素计划，提高检测频次，尽早对发生高胆红素新生儿进行干预即治疗，从而有效地控制血清胆红素升高，降低血清胆红素，防治胆红素脑病发生。并且在回家后也要制定经皮胆红素监测计划，确定检测时间，识别由其他原因引起的晚期高胆红素血症，通过社区机构、家庭随访、医院等共同努力，促进新生儿健康防治，做到早发现、早处理，减少新生儿并发症，减轻家庭负担，减少社会压力。

　　3. 新生儿呼吸窘迫综合征　新生儿呼吸窘迫综合征是指新生儿出生后呼吸窘迫进行性加重，导致机体缺氧缺血等，严重缺氧、持续时间较长，易致新生儿重要脏器功能损害，尤其是脑损伤。

　　防治策略：首先，要对易致此病的高危新生儿进行早期识别，出生时胎龄越小、体重越低，发生的概率越大，故孕妇在产检时尤其要对胎儿宫内健康状况进行关注，听从产科医生的孕期指导，减少并发症的发生，使胎儿能顺利至 37 周后出生。其次，新生儿出生时需要有经验的专科医生在场，如遇紧急情况，及时进行救治，缩短疾病持续时间，减少并发症的发生。最后，当疾病发生后，对并发症实行规范化管理，制定长期诊疗方案：如早期康复训练，定期儿童保健检测，针对不同的并发症情况制定专门的诊治措施即方案。

七、用药指导

刚出生的宝宝身体免疫力比较低下，再加上身体各个器官的功能发育得也不是特别完善，因此非常容易生病。宝宝生病以后，要及时去医院就诊，不要自行使用药物。因为新生儿肝肾功能不好，对药物的耐受能力也很低，需药量与一般儿童不同。必须在儿科医生指导下，严格按照规定的剂量、疗程用药。所使用的药物一定要是宝宝专属，掌握好剂量，不能使用成人的药品及剂量。还要注意所用药品是餐前还是餐后使用，以免对宝宝的胃肠道系统造成损害。因此，除了由儿科医生开具的处方药物之外，不要擅自给新生儿服药，即使是一些常用的退烧药，比如美林（布洛芬混悬液），也要及时向医生确认后使用。因此，在新生儿期，宝宝用药要注意以下几点：

1. 尽量少用药物，能够不用尽量不用。非用不可的情况下，要用一些简单的常规药物，最大程度上减少对新生儿肝肾的影响。同时要加强护理，避免生病。

2. 注意给药方式。两周以内的新生儿必要时采取静脉用药的方法，两周以上的新生儿可以口服用药，后期药物能口服的尽量口服，并且严格遵医嘱，减少静脉用药和肌注用药，尽可能地避免肝肾功能的损害。但是在口服过程中，也要注意新生儿服药后的胃肠道反应问题。

3. 新生儿容易出现皮肤湿疹、痤疮、痱子等情况，在使用外用药的时候也要在医生指导下严格掌握剂量，避免大面积皮肤涂药。否则有些药物经皮肤黏膜吸收过多，也容易发生中毒反应。

4. 如果新生儿出现便秘的情况，在医生诊断后使用开塞露来润滑肠壁，软化大便，一定要注意动作轻柔，防止划伤肛门和肠道黏膜。

第八篇 婴儿期健康促进

一、健康状况

婴儿期包括出生后至 28 天的新生儿期，以及 1～12 个月的婴儿期。婴儿期是人类一生中生长发育最快的时期，也是能否健康成长的第一步。

在这一时期，婴儿的身体出现巨大的变化，例如：①脑细胞数量和体积增大；②神经细胞突触增长，分支数目增多；③骨骼肌肉增大加长；④体内各器官增重增大，功能逐渐完善；⑤心理智能发展迅速。

1. 体格发育的特点

（1）体重：婴儿出生后第一年生长发育迅速，体重、身长增长最快，为第一个生长高峰。出生后 3 个月体重达到出生时的 2 倍，与之后 9 个月的增加值几乎相等；1 周岁末体重为出生时的 3 倍，一般为 9～10kg。

> **科普小知识：婴儿期体重计算公式**
>
> 1～6 个月体重（kg）= 出生体重+月龄×0.6
>
> 7～12 个月体重（kg）= 出生体重+3.6+（月龄-6）×0.5
>
> 根据公式（实测体重/标准体重-1）×100%，若超过了标准体重的 10%，可以看作超重；若超过 20% 属于肥胖，其中超过 30%～50% 为中度肥胖，超过 50% 或以上为重度肥胖。

（2）身长：胎儿期以头颅生长最快，而婴幼儿期则以躯干增长最快。身长在出生时约为 50cm，一般每月增长 3~3.5cm，到月龄 4 个月时增长 10~12cm，1 岁时可达出生时的 1.5 倍左右（增长约 25cm）。

（3）头围和胸围：头围在出生时约为 34cm，出生后前半年增加 8~10cm，后半年增加 2~4cm，1 岁时平均头围为 46cm。胸围在出生时比头围要小 1~2cm，到 6 个月~1 岁时，胸围和头围基本相等，称之为胸围交叉。

（4）正常体温：婴儿体温调节能力差，皮肤的散热和保温能力都不及成年人，容易受凉或中暑。一般而言，婴儿的基础体温在 36.5~37.5℃（直肠温度）之间为正常，在口腔处为 36.2~37.3℃ 之间；在腋下为 36.0~37.2℃ 之间。超过正常范围 0.5℃ 以上时，称为发热。不超过 38℃ 称为低热，超过 39℃ 者为高热。

2. 呼吸系统的特点　婴儿呼吸频率快，年龄越小，频率越快。新生儿呼吸频率一般为 35~40 次/分；1 岁时为 25~30 次/分（表 8-1）。

表 8-1　婴幼儿呼吸系统的变化

项目	新生儿	1 岁	3 岁
呼吸频率（次/分钟）	35~40	25~30	18~25
潮气量（mL）	15	80	110
功能残气量（mL/kg）	25		35
分钟通气量（L/min）	1	18	2.5
动脉血（pH）	7.30~7.40	7.35~7.45	
PaO_2（mmHg）	60~90	80~100	
$PaCO_2$（mmHg）	30~35	30~40	

3. 心血管系统的特点　婴儿的迷走神经发育未完善，交感神经占优势，因此迷走神经对心脏的抑制作用弱，而交感神经对心脏的作用较强。因此，随着年龄的变化，婴幼儿的心率和血压维持在与年龄相应的水平（表 8-2）。

表 8-2　婴幼儿心血管系统的变化

年龄	心率(次/分)	收缩压(mmHg)	舒张压(mmHg)
早产儿	120~180	45~60	30
足月新生儿	100~180	55~70	40
1 岁	100~140	70~100	60
3 岁	84~115	75~110	70

4. 消化系统的特点

（1）口腔　①口腔黏膜：婴儿期宝宝的口腔黏膜非常细嫩，血管丰富，易于受伤。②唾液腺：新生儿唾液腺发育差，分泌量极少，口腔比较干燥。出生后 3~4 个月时唾液分泌开始增加，5~6 个月时显著增多，由于口底浅，故常发生流涎，称为生理性流涎。③牙齿：婴儿出生后 6 个月左右开始萌出第一颗乳牙，至 2~3 岁时全部乳牙均萌出，共 20 颗。乳牙通常从下颌的前牙开始，上下两颗对称性地长出，然后是两侧萌出，最常见的是下颌第一前磨牙和下颌尖牙（图 8-1）。

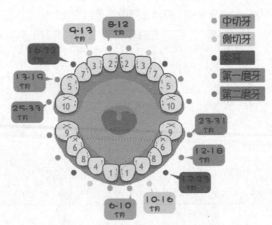

图 8-1　婴幼儿的牙齿生长顺序图

（2）食管：婴幼儿的食管呈漏斗状，黏膜纤弱，腺体缺乏，弹力组织及肌层尚不发达，容易溢乳。

（3）胃：婴儿胃容量较小（新生儿一般为 30~35mL，3 个月时约 120mL，1 岁时约 250mL），胃平滑肌发育尚未完善，易发生呕吐或溢乳。此外，胃蛋白酶活力弱，脂肪酶含量少，对脂肪消化吸收能力差。

（4）肠道：婴儿的肠黏膜细嫩，富有血管及淋巴管，肠肌层发育差，黏膜下组织松弛，易发生肠套叠及肠扭转。此外，肠壁较薄，肠道屏障功能较弱，肠腔内毒素及消化不全的产物易经肠壁进入血液，引起中毒症状。

5. 泌尿系统的特点　婴幼儿新陈代谢旺盛，而肾脏尚未发育成熟（肾小球滤过率低、肾小管短），尿液浓缩和重吸收功能较差，从而尿总量较多。此外，膀胱容量小，膀胱壁弹性组织不发达，储尿能力差。因此，婴幼儿年龄越小，每天排尿次数越多，1 岁婴儿每天排尿一般为 15~16 次。

6. 运动系统的特点

（1）婴幼儿骨骼生长迅速，不断地生长、加粗，且骨骼外层的骨膜较厚，血管丰富，有利于骨组织的生长、再生和修复。

（2）骨骼数量多于成人，主要是一些骨骼尚未融合成一个整体。

（3）骨骼柔软易弯曲，出生时脊柱呈直线，随着动作发育逐渐形成脊柱生理弯曲，比如 3 个月抬头时出现颈曲，6 个月能坐时出现胸曲，10~12 个月学走时出现腰曲。

（4）头部骨骼尚未发育好，其骨缝要到 4~6 个月时才能闭合，后囟在 3 个月左右闭合，前囟到 1~1.5 岁时闭合。

（5）出生时腕骨均为软骨，出生后 6 个月逐渐出现骨化中心，逐步钙化。

（6）关节发育不全，关节窝浅，关节韧带松弛，容易发生关节脱臼。

（7）肌肉发育是按从上到下（颈部→躯干→四肢），从大肌肉群到小肌肉群（腿部→胳膊→手部小肌肉）的顺序进行。

7. 行为动作的改变　经过 1 年的生长发育，婴儿的行为动作发生了许多变化，包括精细动作和大动作。婴儿的肌肉发育是按从上到下、从大到小的顺序进行的。因此，婴幼儿先学会抬头、独坐、站立和行走等大动作，手部精细动作到 5 岁左右完成（表 8-3）。

表 8-3　婴儿期宝宝行为动作的发育表

月龄	精细动作	大动作
新生儿	双手握拳很紧	俯卧抬头瞬息
2 个月	握拳姿势逐渐松开	俯卧抬头 45°
3 个月	在胸前玩弄双手	俯卧抬头 90°
4 个月	伸手能抓悬挂玩具	俯卧抬头很稳
5 个月	伸手能抓住悬挂物体并放入口中	轻拉手腕能顺势坐起
6 个月	能独自摆弄玩具	能向两边翻身，两手向前撑住后能坐
7 个月	左右手交替玩玩具	独坐片刻稍稳，身体略向前倾
7~8 个月	能有意识地将手中的物体放掉	双手支撑胸腹，原地转动
8~9 个月	对敲手中玩具	扶立时背、腰、臀部能伸直
9~10 个月	用拇指对食指取物	手膝并用向前爬
11~12 个月	用蜡笔在纸上乱涂	会站立，并开始能搀着行走

8. 睡眠系统的特点　婴儿期不同阶段的宝宝，其睡眠时间也存在差异（表 8-4）。随着月龄的增加，婴儿逐渐形成睡眠的昼夜节律。澳大利亚儿童研究所的儿童睡眠专家 Harriet Hiscock 对婴儿期宝宝入睡时间的建议为每天 19：00 入睡，睡眠时长为 12~16 小时。

表 8-4　婴儿时期不同阶段的睡眠时间

年龄（月）	白天睡眠时间（小时）	夜间睡眠时间（小时）
0~1	5~6(2~9)	8(6~13)
2~3	4~5(2~8)	10(7~13)
4~6	3~4(1~6)	11(9~13)
7~9	2~3(1~5)	11~12(10~13)
10~12	2~3(1~4)	11~12(10~13)

注：括号内为睡眠时间上下限，超出此范围可能为异常。

9. 神经系统的特点

（1）婴幼儿大脑的发育十分迅速，脑神经细胞的数量和脑的重量不断增长。

（2）髓鞘是指包裹在某些神经突起外面的一层类似电线绝缘体的磷脂类物质。新生儿的神经细胞缺乏髓鞘，随着年龄的增加，神经纤维不断髓鞘化，动作也逐渐变得精准。

（3）大脑功能发育不健全，尚未完全建立起各种神经反射，因此在运动、语言、思维等各方面的能力都不及成人。

（4）新生儿出生时脑干、脊髓已发育成熟，但小脑发育较晚。

10. 免疫系统的特点　新生儿从母体得到的被动免疫抗体于出生后6个月逐渐消失，而主动免疫功能尚未成熟。因此，婴儿易患感染性疾病。

二、喂养方法及营养

（一）如何添加辅食

1. 添加辅助食品的科学依据　婴儿满6个月后仍需继续母乳喂养，并添加辅食。6个月以后的婴儿消化系统逐步成熟，对食物的质和量也有新的要求。WHO及我国进行的乳母泌乳量调查表明，营养良好的乳母平均泌乳量为每天700~800mL，能满足0~6个月内婴儿的全面营养需要。但6个月后的婴儿每天需要能量700~900kcal，800mL母乳约提供560kcal的能量，仅能满足此时婴儿需要量的80%，补充食物是唯一的选择。此外，孕期为婴儿储备的铁在孩子6月龄时已用尽，而此时婴儿需铁量为每天6~10mg，800mL母乳所提供的铁不到1mg，以食物补充铁势在必行。随着婴儿齿龈黏膜的坚硬及以后乳牙的萌出，用软的半固体食物喂养婴儿有利于乳牙萌出和训练婴儿的咀嚼功能。在喂养工具上，从用奶瓶逐步改变为用小茶匙、小杯、小碗，以利于婴幼儿的心理成熟。婴儿从0~6个月食用母乳或代乳品，逐渐过渡到2~3岁时食用接近

母婴健康知识必读

成人食品，从全流质食物逐步适应半流质食物，并过渡到幼儿时的流质、半流质和固体都有的混合饮食。过早添加淀粉类或高碳水化合物的食物容易使婴儿肥胖，而辅助食品添加太迟，会影响婴儿咀嚼和吞咽功能及乳牙的萌出。

2. 添加辅食的理由

（1）辅食首先能补充母乳营养素的不足。孩子从出生到1岁体重增长快，这么快速生长的物质基础就是营养。随着孩子一天天长大，半岁左右，母乳提供的营养素渐渐跟不上孩子生长需要了，此时就不得不添加辅食来弥补母乳营养素的不足部分。

（2）添加辅食利于发挥孩子潜能。不能及时添加辅食会抑制孩子生长潜能的发挥。如果在某一阶段由于营养缺乏导致生长潜能被压制，那么错过这一阶段，提供再充分的营养，这部分已被压抑的潜能也无法再充分地发挥。

（3）添加辅食能帮助宝宝锻炼消化和吸收功能。改变食物性状，将食物由稀到稠、由细到粗、质地由软渐硬，都是为了锻炼孩子的咀嚼能力、胃肠蠕动能力、消化酶活性等胃肠道的消化和吸收功能。

（4）培养良好的饮食习惯。通过辅食，逐渐让婴儿学会使用匙、杯、碗等餐具，并学会自主进食。辅食扩大了婴儿味觉的范围，可防止日后偏食、挑食、拒食等不良进食行为的发生，为1岁后正确进食、均衡膳食打下良好的基础。

（5）辅食对启智有积极作用。融入家庭日常生活之中的儿童早期教育，其实就是利用孩子眼、耳、鼻、舌、身的视觉、听觉、嗅觉、味觉、触觉等感觉给孩子多种刺激，以丰富他的经验，达到启迪智力的目的。对婴儿来说，接触新的食物可以使感知更发达。当宝宝看到大人吃东西时表现出兴奋，比如眼睛盯着食物，张开小嘴等着大人用小勺喂，甚至口中无食物也做出咀嚼的样子均说明他对吃感兴趣。而一旦有新的食物进入口中，舌头的触觉就在体验不同于液体食物的泥糊状食物的性状、软硬、颗粒大小，鼻子的嗅觉在闻着新食物的香气，舌头上的味蕾在尝着新食物的味道，这些感觉均传递到中枢神经系统丰富的神经通路从而促进脑发育。在学吃的进程中孩子经历着喜、怒、哀、乐、满足感、被强迫进食、表达反抗等多种心理过程，这些体验也是通过添加泥糊状食物使其按生理规律健康成长的必然过程。在学吃过程中手眼协调、精细动作练习等均有利于智力发展，加上良好饮食习惯的培养，必将有利于孩子一生健康地发展。

3. 辅食添加的原则 婴儿 6 月龄时，每餐的安排可逐渐开始尝试搭配谷类、蔬菜、动物性食物，每天应安排有水果。让婴儿逐渐开始尝试和熟悉多种多样的食物，特别是蔬菜类，可过渡到除奶类外由其他食物组成的单独餐。限制果汁的摄入量或避免提供低营养价值的饮料。辅食添加的时间、种类、数量等要根据婴儿的实际情况灵活掌握，应遵循下列原则：

（1）及时：频繁的纯母乳喂养不能满足婴儿对能量和营养的需要时，就应该及时添加辅食。

（2）足够：辅食应该提供充足的营养素，以满足婴儿生长发育的营养需求。

（3）安全：辅食的制备和储存都应该保证清洁卫生，注意清洁双手和容器，不用奶瓶和奶嘴喂辅食。

（4）适当：依据孩子食欲和吃饱的信号提供食物，并且做到进餐次数和喂养方法符合孩子的年龄要求。

（5）从一种到多种：一种一种地逐一添加，当婴儿适应一种食物后再开始添加另一种新食物。尝试 2~3 天，如果婴儿的消化情况良好，排便正常，再尝试另一种，不要在短时间内增加好几种。

（6）由少量到多量：根据婴儿的营养需要和消化系统的完善程度，逐渐增加食物的量和次数。开始添加食品时可先每天 1 次，观察婴儿的接受程度，大便正常等适应以后，再逐渐增加次数和量。

（7）逐渐从稀到稠、从细到粗：刚开始添加辅食时，婴儿尚未长出牙齿，给予的食物应该从稀到稠，即从流质开始，逐渐过渡到半流质，再到软固体食物，最后是固体食物。例如从米汤、烂粥、稀粥，再到软饭。给予食物的性状应从细到粗，从先喂菜汤开始，逐渐试喂菜泥、碎菜和煮烂的蔬菜。既可锻炼婴儿的吞咽功能，为以后过渡到固体食物打下基础，也有利于促进牙齿生长，并锻炼婴儿的咀嚼能力。不能长时间给婴儿喂食流质或泥状食物，避免使婴儿错过发展咀嚼能力的关键期，从而在咀嚼食物方面产生障碍。

（8）注意观察宝宝的消化能力：添加一种新的食物，应注意观察婴儿的消化情况，如出现呕吐、腹泻等消化不良反应，或便里有较多黏液的情况，要立即暂停添加该食物，待症状消失后再从少量开始添加，但不能就此认为婴儿不适合该食物而不再添加。如婴儿患病，可根据当时情况暂停添加新的辅食。当病情较重时，原来已添加的辅食也要适当减少。

（9）不要强迫进食：当婴儿不愿意吃某种新的食物时，千万不可强迫婴儿进食，可通过改变食物的性状等方式再次尝试。例如在婴儿饥饿时给予新的食物，或改变食物的加工制作方式。

（10）单独制作：婴儿的辅食要单独制作，少用盐或不用盐。添加的食物要新鲜，制作过程要卫生，不要喂剩下的食物，防止婴儿摄入不干净的食物而导致疾病。制作辅食时应尽可能少糖、不放盐、不加调味品，但可添加少量食用油。

（二）不同月龄宝宝的辅食建议

参见表 8-5。

表8-5　中国营养学会妇幼分会婴儿膳食建议举例

月龄(个月)	母乳或配方奶 （mL/d）	辅食（每餐）
6	800	以尝试食物味道,培养进食兴趣,不影响奶量为主。如:1~2勺稠粥(或10~20g米粉)+1~2勺蔬菜泥(或1~2勺水果泥)+1/2~1个蛋黄,每天尝试1~2次

续表

月龄（个月）	母乳或配方奶（mL/d）	辅食（每餐）
7~9	800	1餐饭（谷类+动物类食物+蔬菜）+1份小点心（水果、面包片、饼干）。如：60g软饭（40g米粉）+30g肉（鱼肉泥、猪肉泥、肝泥）或1/2~1个蒸蛋羹+60g菜。即：2勺软饭+1/2~1勺肉或半个蛋+2勺菜
10~12	600~800	2餐饭（谷类+动物类食物+蔬菜）+1份小点心（水果、面包片、饼干）。如：60g软饭（40g米粉）+30g肉（鱼肉泥、猪肉泥、肝泥）或1/2~1个蒸蛋羹+60g菜。即：2勺软饭+1勺肉或半个蛋+2勺菜

三、日常生活技巧

（一）在吃喝、拉撒、睡上建立生活规律

1. 吃（喝）　吃喝是获取营养最直接的方式。选择正确的喂养方式，识别宝宝发出的饥饿和饱腹信号，及时予以应答，是早期建立良好饮食习惯的关键。在最初的2~3个月可按需喂养；3个月之后逐渐定时，每3~4小时哺喂一次，全天大约6次；4~6个月时，逐渐减少夜间哺乳，帮助宝宝形成夜间连续睡眠。一般情况下胃排空的时间在2~3小时，所以要保持两餐之间一定的时间间隔，让胃排空，这样才不容易影响全天的进食总量。每个宝宝都有自己的特点，爸爸妈妈不要某一天因为宝宝吃得少就频繁喂养从而打破喂养节律，一般来说，除非生病，否则孩子不会刻意去节食。在喂养的过程中，要养成良好的饮食习惯，合理安排餐点，如帮助孩子养成定点、定时进餐，多吃瓜果，按需饮用白开水，少吃含糖高的食物和饮料；顺应喂养，避免用食物来惩罚或奖励孩子，也不要用看电视、玩玩具或者其他孩子想要的东西作为诱惑来鼓励吃饭；更不要满屋追着孩子喂饭，这样会让孩子建立不良的进食联系从而养成不好的喂养习惯。

扫一扫，听音频：孩子喂养的注意事项

2. 拉撒　排便习惯的培养主要开始于如厕训练。一般在 2 岁后可以开始进行如厕训练。最好在孩子做好准备后再开始进行训练，过早开始反而会事与愿违、事倍功半。采用孩子能接受的方法完成如厕训练。训练如厕时间每一个孩子不相同，每日应在同一时间（包括入睡前或睡醒后），持续 5~10 分钟，每日 1~2 次。每天都应遵循这一常规，特别是在节日、假期或周末。训练的第一步是大便训练。小便通常伴随大便一起出现。

3. 睡　睡眠是孩子健康生活中必不可少的一部分，也对孩子生长发育至关重要，因此该问题也成为父母在养育孩子过程中最常担忧的问题之一。每一个孩子的时间都存在一定的差异，特别是在 2 岁以前，孩子的个性、脾气及环境因素等都会影响睡眠时长、入睡时间和睡眠质量。如何养成良好的睡眠习惯，要做到以下几点：

（1）保证充足的睡眠：正常的睡眠时间因年龄而异，0~3 月龄孩子每天需要睡眠 13~18 个小时，4~11 月龄孩子每天需要睡眠 12~16 个小时，1~2 岁孩子每天需要睡眠 11~14 个小时，3~5 岁孩子每天需要睡眠 10~13 个小时；早睡、早起，保持作息规律。相同的起床时间、进餐时间、午睡时间和玩耍时间将帮助孩子感到安全和舒适，并有助于顺利入睡。

（2）创造安全、舒适的睡眠环境：睡前调暗灯光并控制家中的温度。不要让玩具填满孩子的床，让床成为睡觉的地方，而不是玩耍的地方。白天多运动，运动可以帮助孩子更快入睡并保持更长的睡眠时间，但睡前两小时避免剧烈活动。睡前限制使用电子设备（如电视、电脑、手机），屏幕会刺激或活跃孩子的大脑，且发出的蓝光抑制褪黑素的生成，导致孩子难以入睡；因此电子设备应远离卧室，且在睡前一小时不要使用。

（3）睡眠质量的把握：睡眠的时机是良好睡眠的关键，孩子和成人一样，如果能在"昏昏欲睡"的时候睡觉，睡眠质量要比其他时间睡觉时更好。也就是说，优质的睡眠很大程度上和什么时候睡比睡了多久更重要。爸爸妈妈要注意观察孩子，发现孩子正在形成的生物钟，敏锐地识别身体发出的"要睡觉"的信号，帮助孩子按照自己生物钟的节律睡觉，以获得更好的睡眠质量。如果错过了这个时机，太早或太晚想让孩子睡觉就不那么容易了，或者即使睡了，睡眠质量也会受影响。

（二）孩子成长中遇到的常见问题

1. 孩子的衣服穿多少合适 孩子穿多少衣服合适不能一概而论，父母们要根据宝宝的体质，以及室内温度、季节不同进行选择。基本原则为新生儿穿的衣服跟大人差不多比较合适，且需根据环境适当增减衣物。若是在夏季，所穿衣服不能多于成人，通常比成人少一件左右，因宝宝新陈代谢快，如多穿孩子会感觉到非常热，从而出汗多，容易导致脱水热，或者身上起很多皮疹。如果是冬季温度比较低，由于宝宝的抵抗力较弱，因此需要注意适当保暖，看父母穿衣服的情况决定新生儿穿多少衣服，可以比父母所穿衣服多一件。此外，也可以用手摸来判断，如通过用手摸孩子头部、后背的出汗情况，如果出汗多可当减少衣物，如果手心、脚心发凉可适当增加。

2. 孩子吐奶了怎么办 婴儿的胃容量小，位置比较横，上口即贲门括约肌发育比较差，下口即幽门通向肠道，它的括约肌发育较好，因此胃的出口紧而入口松，如喂奶次数过多、喂奶量过大、或奶头的孔径过大、出奶过快、喂奶时奶瓶中的奶没有完全充满奶头、喂奶后过多变动体位等，均可引起吐奶。通过改进喂养和护理方法，且吃完奶后竖抱并拍背使其打嗝，再取右侧卧位睡觉等，均可有效预防呕吐。但呕吐也可因各种疾病引起，如肠道感染、肺炎和脑膜炎等，或因肠道功能异常如幽门痉挛，或肠道闭锁等先天畸形。因此，如果呕吐严重、呕吐不止，或还有发烧等其他症状，应及时就医。

3. 孩子"拉肚子"了怎么办　在儿科的咨询群中，经常有家长咨询关于孩子"拉肚子"的问题。首先家长要正确判断是大便次数增加或大便性状的改变，变得更稀，还是每天解大便的次数明显多于平常。如果次数明显增多且形状改变，有可能是腹泻了，而引起孩子腹泻的原因可分为感染性及非感染性。

（1）感染性腹泻：肠道内的感染可由病毒、细菌、真菌、寄生虫引起；肠道外的感染，如泌尿道感染、上呼吸道感染、肺炎、中耳炎、皮肤感染时也可产生腹泻症状。此外，抗生素治疗，尤其是大量使用广谱抗生素可引起肠道菌群紊乱，肠道正常菌群减少而发生腹泻。

（2）非感染性的因素　①饮食因素：喂养不当可引起腹泻，一般见于配方奶喂养的孩子；食物过敏，饮用过多的高含糖量饮料或果汁，或饮食中高膳食纤维含量食物摄入较多（如西梅、麦麸等）等均会也会引起腹泻。乳糖酶缺乏或活性降低，导致肠道对糖的消化吸收不良也会引起腹泻。②气候因素：气候突然变化，腹部受凉使肠蠕动增加；天气过热，消化液分泌减少可能诱发消化功能紊乱而导致腹泻。

（3）腹泻的处理：如果宝宝腹泻，保持其体内的水、电解质平衡非常重要。当孩子只是轻微腹泻伴有呕吐，可以按照比例兑一些电解质溶液（口服补液盐）给孩子喝，以维持其体内正常的水、电解质平衡。如果宝宝出现尿量明显减少、哭闹时没有眼泪、眼窝凹陷、皮肤弹性变差、囟门凹陷等症状，表明孩子脱水了，应立即就诊。对不同原因所致的腹泻，医生有不同的治疗方案，防止发生电解质紊乱。

扫一扫，听音频：孩子拉肚子怎么办

4. 正确对待宝宝的哭闹　哭是婴儿表达情感、对外界刺激反应的重要方式，宝宝通过哭来表达需求和意愿、舒缓压力、求得关注等，具有丰富的感情色彩。因此，哭是宝宝的本能反应。面对哭声，许多年轻的父母不知所措，随着和宝宝的相处，父母就会根据哭声的高低、强弱、面部表情及手脚的动作来理解哭声所表达的真正含义，从而对孩子的哭声做出正确的回应。对于几个月的宝宝，尤其是 3 月龄内的宝宝，解决哭闹问题的最好方法是迅速回应，第一时间满足宝宝的需求，给予足够的关注，提高宝宝神经系统的整合能力。有些家长担心这样会宠坏孩子，建议爸爸妈妈根据实际情况，必要的延迟满足也是可以的，以锻炼孩子的耐心。安抚的方法有多种，如能发出悦耳声音或铃声的小玩具（图 8-2），看镜中的自己，抱着宝宝轻轻摇晃或者拍打背部，模仿宝宝的动作，做鬼脸给宝宝看，都能引起宝宝的注意而停止哭泣。如果这些都不管用，有时更好的处理方法是让宝宝自己独处一会儿。很多宝宝不哭一下就睡不着，让他们哭一会儿反而可以更快入睡。

图 8-2　玩具转移注意力

当尝试了各种方法都不能让宝宝安静下来，就要考虑孩子可能是生病了。此时，应尽快带孩子就诊。

四、小儿推拿

小儿推拿作为中医的常用治疗方法，在儿童保健中占据重要地位，是指运用特定的手法作用于特定的部位，以调整小儿脏腑、气血、经络功能。小儿由于身体发育较快，对外环境有着很大的依赖性，小儿推拿能够让小儿的机体实现双向调节作用，在外力的作用下通过刺激穴位来舒经活络、祛邪扶正，提高小儿免疫力，从而达到改善体质、预防疾病的目的。

（一）小儿推拿的适应证

小儿推拿疗法的对象一般是 6 岁以下的小儿。适应证较广，常用于感冒、咳嗽、发热、腹痛、腹泻、呕吐、消化不良、少食厌食、哮喘、支气管炎、夜啼、肌性斜颈等的治疗，以及小儿保健与预防。

（二）小儿推拿的禁忌证

1.皮肤处有破损（发生烧伤、烫伤、擦伤、裂伤等）、皮肤炎症、疖肿、脓肿、不明肿块，以及有伤口瘢痕的局部。

2.有特殊的感染性疾病，如骨结核、骨髓炎、蜂窝织炎、丹毒等。

3.有急性传染病，如猩红热、水痘、手足口病、病毒性肝炎、肺结核、梅毒等。

4.有出血倾向的疾病，如血小板减少性紫癜、白血病、血友病、再生障碍性贫血、过敏性紫癜等，以及正在出血和内出血的部位禁用推拿手法，因手法刺激后可导致再出血或加重出血。

5.骨与关节结核和化脓性关节炎局部应避免推拿，以及可能存在的肿瘤、外伤骨折、脱位等不明疾病。

6.严重的心、肺、肝、肾等脏器疾病。

7. 有严重症状而诊断不明确者慎用。

（三）常用的推拿介质

推拿时，为减轻摩擦、避免皮肤损伤、提高治疗效果而选用一些物质作为辅助，称为介质。常用的推拿介质有：①滑石粉：医用滑石粉。可润滑皮肤，减少皮肤摩擦。是小儿推拿临床最常用的一种介质。②爽身粉：即市售爽身粉。有润滑皮肤和吸水性强的特点。③生姜汁：取鲜生姜切碎、捣烂，取汁应用。可用于风寒感冒。④葱白汁：取葱白切碎、捣烂，取汁应用。可用于风寒感冒。⑤鸡蛋清：把生鸡蛋蛋清取出使用。可用于消化不良、热性病等病症。⑥薄荷水：将鲜薄荷叶浸泡于开水中，容器加盖存放 8 个小时后，去渣取液应用。可用于风热感冒或风热上犯所致的头痛、目赤、咽痛等。⑦麻油：将食用麻油作用于小儿身体各部位推拿，具有润滑除燥作用。

（四）评估儿童的生理特点

针对儿童的体质类型、身体状态、心理状态等多方面进行评估。对于不同体质的儿童，实施不同的推拿保健。

（五）操作准备

在推拿前，先将室温调整到 23～25℃，湿度维持在 40%～60%。推拿者先将双手洗净，并涂抹好介质。

（六）操作手法及顺序

1. 选择捏、按、推、揉及拿等手法进行推拿，必须做到轻快柔和、平稳着实。

2. 按照从头到上肢，再到下肢，再到胸部、腹部、腰部及背部的顺序进行推拿。

3. 先进行揉与推这种较为轻的手法使儿童适应推拿，再使用捏、拿等手法。

（七）操作方式

1.针对脾肺不足的儿童，可进行捏脊按摩，保持3~5次，然后再补脾经、肾经、肺经各300次，推三关保持100次，揉板门150次，每周3次。

2.针对平衡状态的儿童，可以先进行3次捏脊按摩，然后再进行补脾经、肺经、肾经各200次，并保持清心经与肝经各100次，揉板门150次。

3.针对偏心肝有余的儿童，可以先进行补肺经、肾经、脾经各100次，接着进行清小肠与清天河水各200次，再进行泄心经与肝经各200次，保持每周3次的推拿频率。

4.针对不同的儿童，需实施不同的推拿手法，每周3次，连续推拿3个月。

（八）小儿推拿的注意事项

1.室内应选择避风、避强光、安静的房间，室内要保持清洁卫生，温度适宜，保持空气流通，推拿后注意保暖，忌食生冷。

2.操作前清洁双手，取掉手部配饰，修剪指甲并保持指甲圆滑，以免损伤小儿肌肤。天气寒冷时，保持双手温暖，避免小儿着凉。

3.推拿时间应根据患儿年龄大小、病情轻重、体质强弱及手法的特性而定，一般不超过20分钟，通常每日治疗一次。

4.上肢部穴位，一般只推一侧，无男女之分；其他部位的双侧穴位，两侧均可推拿治疗。

5.治疗时应配合推拿介质，如滑石粉等，既可润滑皮肤，防止擦破皮肤，又可提高治疗效果。

6.小儿过饥或过饱，均不利于推拿疗效的发挥，最佳的小儿推拿时间宜在饭后1小时进行。在小儿哭闹时，应先安抚小儿，再进行推拿治疗。推拿时应注意小儿的体位，以舒适为宜，这样既能消除小儿恐惧感，又便于操作。

7.患儿推拿完成后，操作者要认真清洗或用免洗消毒液清洁双手，保持清洁，避免交叉感染发生。

五、儿童保健与预防接种

（一）儿童保健的内容和时间

做儿童保健都包括什么？哪些时候需要做儿保呢？

每次做儿童保健的时候，医生都会对儿童体格生长、认知和心理发育水平进行评估，做全面的体格检查，及时发现和处理儿童生长发育相关问题，并对家长进行养育指导。婴儿期是出生后生长和发育最快的时期，尽早发现生长或发育迟缓，及时予以处理可以得到好的结局。长期定期儿保对孩子健康成长非常重要，儿保规划时间如下：新生儿期2次（家访）；婴儿期：1月龄、2月龄、4月龄、6月龄、8月龄、12月龄；幼儿期：15月龄、18月龄、2岁、3岁；随后每年1次。

（二）利用生长曲线图检测孩子的体格生长

婴幼儿时期是人生中发育速度最快的阶段，每个宝宝生长的具体情况也不尽相同。宝宝长得好不好，不能只看某次的体重身高值，需要定期记录宝宝的各项身体测量数据，通过生长曲线具体分析。生长曲线图由一系列百分位曲线组成，目前常用的婴幼儿的曲线图是WHO绘制的，包括体重曲线、身长（高）曲线、头围曲线（图8-3、图8-4）等。需要把每次测量的身高、体重、头围、身高的体重用点标识在曲线上，可较直观地发现宝宝的生长速度。如生长曲线上宝宝定期测量的点均在同一等级线，或在2条主百分位线内波动，说明儿童生长正常；如向上或向下超过2条主百分位线，或连续两次点使曲线变平或下降，提示宝宝生长出现异常现

母婴健康知识必读

象，需与儿保医生一起寻找原因，及时干预，使宝宝早日回归到自己的生长曲线上。

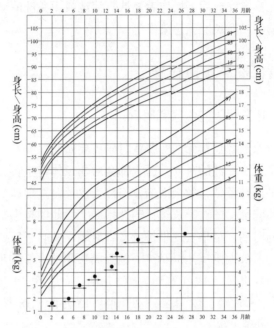

图8-3　0~3岁男童身长（身高）/年龄、体重/年龄
百分位标准曲线图

（三）避免婴儿过胖

很多家长都希望自己的孩子长成"小胖墩"，不仅看起来可爱，摸起来还软乎乎的很舒服。但这真的好吗？答案当然是否定的。婴儿期的超重和肥胖会增加以后儿童期肥胖的风险。儿童时期的肥胖危害很大，会增加儿童期患高血压、高血脂、高血糖、脂肪肝、性早熟的风险，成人后易患心肌病、冠心病等，还会影响儿童的自信心，影响其心理行为发展，危害非常大。怎么预防婴儿期肥胖呢？

1.预防应当从胎儿期开始，预防新生儿出生体重过重。孕妇妊

170

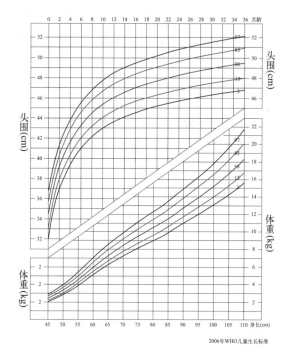

2006年WHO儿童生长标准

图 8-4　0~3 岁男童头围/年龄、体重/身长
百分位标准曲线图

娠期应适当增加营养，使体重不要增加过重，将胎儿的重量控制在正常范围内。

2. 婴儿期要鼓励母乳喂养。母乳是婴儿最理想的食物。研究表明，母乳喂养的婴儿在多年后发生肥胖的可能显著低于人工喂养儿，而且母乳喂养的时间越长，婴儿以后发生肥胖的概率越低。但母乳喂养也应避免人乳奶瓶喂养、夜间喂养次数多、每次喂养持续时间长、每次喂养间隔时间短等喂养行为问题；并要注意母亲饮食均衡，不然也容易喂出一个"小胖墩"。

3. 通过增加活动量以增加热量的消耗，是预防肥胖的一个重要措施。在婴儿期，不要总是把孩子抱在手中，而是要帮孩子多翻身、做被动操，从 5~6 月龄起开始逐渐训练孩子在成人腿上跳跃、独坐、爬、扶走等运动。此外，要定期记录孩子的体重，利用体重曲线图监测增长趋势，发现体重增长过快，应及时采取措施控制体重增长。

（四）为何宝宝体重增长异常

宝宝如果出现体重下降、不增长、增长不足的情况，可以从以下几个方面查找原因并对症处理，使宝宝体重增长回归正常生长轨道上。

1. 宝宝是不是吃得不够　如果宝贝以前进食没有问题，突然出现吃得不好，又没有其他的不适（如发热、腹泻等），要注意以下可能：是否食物种类的改变导致宝宝不适应；或者给予宝宝的食物配搭不好，导致宝宝不喜欢；或者只是暂时的"厌食"。无论哪一种原因，都需要积极调整，改善进食状态。

2. 宝宝是不是生病了

（1）消化道是否出现了问题，出现腹泻伴腹部不适导致不想吃东西。注意大便次数是否增加，大便的性状有没有改变。如果只是大便次数增加，精神状态尚可，可以观察；如果大便中黏液多，甚至便中带血，或者大量水样便，就必须到医院就诊。不要轻易擅自给宝宝用抗生素。

（2）宝贝口腔内是否有溃疡，或者其他导致不吃东西的口腔问题，需要到医院进行排查。生病后体重会下降，疾病治愈后需要2~4周的追赶生长，才能恢复到病前的体重。

3. 宝宝体重是不是一直长得不好　如果孩子体重一直都不够或者处在正常体重值的下限，在排除了低体重出生或者小于胎龄儿的影响因素后，最好再根据所在身长应该有的体重来评价。如果体形匀称，密切规范监测便可；如果体重还是不够，说明宝宝处于消瘦状态，须进一步检查，排除疾病因素。

（五）婴幼儿每天应睡多长时间

宝宝每天睡多长时间合适呢？其实，婴幼儿睡眠时间个体差异较大，婴儿每日的平均睡眠时间为 12~15 小时，幼儿每日的平均睡眠时间为 11~14 小时。婴儿每日的总睡眠时间最少 10 小时，最多 18 小时。这么大的个体差异，如何来判断宝宝是否睡足了呢？如果孩子白天活力旺盛，体格发育、神经系统发育均正常，则宝宝每日的睡眠是充足的。

（六）如何让宝宝长得更高

一方面，遗传是决定婴幼儿身高最关键的因素；另一方面，环境因素也是影响身高的重要方面，至关重要，甚至可以改变遗传带来的影响。环境因素包括：营养、运动、睡眠方面。

1. 营养　充足的蛋白质、钙、锌、维生素 A、维生素 D 等多种营养素都与身高的增长密切相关。要培养宝宝良好的饮食习惯，膳食要均衡，避免挑食偏食。

2. 运动　运动可以促进骨骼的发育，特别是竖直方向的垂直刺激对身高增长最有帮助。养成规律运动的好习惯，每日坚持半小时到一小时，建议多进行一些如跳绳、跳高、摸高、篮球这样的运动，可以促进孩子身高增长。

3. 睡眠　优质、规律的睡眠有助于身高的增长，"生长激素"主要在夜间熟睡的状态下分泌。

（七）利用好儿童心理行为发育问题预警征

利用好儿童心理行为发育问题预警征，可以使宝宝行为发育偏离时能得到及时干预。婴幼儿时期是儿童大脑发育最迅速、可塑性最强的阶段。这个阶段家长可以运用儿童心理行为发育问题预警征象（表 8-6），对宝贝的心理行为发育进行监测。表中显示的年龄阶段都有对应的预警征象，如有一项符合便提示宝宝可能有发育偏异，应及时到医院就诊，进一步进行准确、规范的评估，并采取干预治疗，有希望让宝宝回归到正常水平及比原有发展水平有所提高。

表 8-6　儿童心理行为发育问题预警征

年龄	预警征象	年龄	预警征象
3 月龄	1. 对很大声音没有反应 2. 逗引时不发音或不会笑 3. 不注视人脸,不追视移动人或物品 4. 俯卧时不会抬头	18 月龄	1. 不会有意识叫"爸爸""妈妈" 2. 不会按要求指认或物 3. 与人无目光交流 4. 不会独走
6 月龄	1. 发音少,不会笑出声 2. 不会伸手抓物 3. 握拳不松开 4. 不能扶坐	2 岁	1. 不会说 3 个物品的名称 2. 不会按吩咐做简单事情 3. 不会用勺吃饭 4. 不会扶栏杆上楼梯/台阶
8 月龄	1. 听到声音无应答 2. 不会区分生人和熟人 3. 双手间不会传递玩具 4. 不会独坐	2 岁半	1. 不会说 2~3 个字的短语 2. 兴趣单一、刻板 3. 不会随意大小便 4. 不会跑
12 月龄	1. 呼唤名字无反应 2. 不会模仿"再见""欢迎"动作 3. 不会用拇、食指对捏小物品 4. 不会扶物站立	3 岁	1. 不会说自己的名字 2. 不会玩"拿棍当马骑"等假象游戏 3. 不会模仿画圆 4. 不会双脚跳

注：该年龄段任何一条预警征象阳性,提示有发育偏异的可能。

（八）预防接种相关问题

1. 如未按时进行疫苗接种，应如何补种？

（1）只要儿童未满 18 周岁，就应该尽早进行补种，尽快完成全程接种。

（2）只需补种未完成的剂次，无须重新开始全程接种。

2. 疫苗接种的禁忌证有哪些？

（1）已知疫苗成分严重过敏或既往因接种疫苗发生喉头水肿、过敏性休克及其他全身性严重过敏反应的，禁忌继续接种同种疫苗。

（2）对疫苗中任一成分过敏。

（3）患有严重心、肝、肾等功能不全、急性感染期或活动性肺结核等。

（4）有免疫缺陷或使用免疫抑制剂者，禁忌接种减毒活疫苗。

3. 常见特殊健康状态儿童可进行疫苗接种吗？

（1）早产儿与低出生体重儿：早产儿（胎龄<37 周）和/或低出生体重儿（出生体重<2.5kg），如医生评估无持续需要治疗的情况，可以接种各类疫苗（出生体重<2.5kg 的早产儿接种卡介苗除外），应按照出生后实际月龄接种疫苗。乙肝表面抗原（HBsAg）阳性或不详的母亲所生的早产儿应在出生后 24 小时内尽早接种第 1 剂乙肝疫苗，接种之后 1 个月，再按 0 个月、1 个月、6 个月程序完成乙肝疫苗接种。HBsAg 阳性母亲所生早产儿，出生后接种第 1 剂乙肝疫苗的同时，在不同（肢体）部位肌内注射乙肝免疫球蛋白。危重早产儿应在生命体征平稳后尽早接种第 1 剂乙肝疫苗。出生体重<2.5kg 的早产儿，暂缓接种卡介苗。待体重≥2.5kg，生长发育良好，再接种卡介苗。

（2）婴儿黄疸：生理性黄疸、母乳性黄疸婴儿，只要身体健康状况良好，可按免疫程序接种各类疫苗。病理性黄疸患儿需及时到专科查明病因，暂缓接种疫苗。

（3）部分过敏性疾病

食物过敏：很多家长担心食物过敏的宝宝疫苗接种会存在禁忌证，食物过敏的儿童能正常进行预防接种吗？实际上，目前绝大多数疫苗不含有食物相关成分，不会因食物相关成分导致过敏反应。因此，食物过敏儿童应正常进行预防接种。如果宝宝现处在食物过敏的急性反应期（如并发哮喘、荨麻疹等）或接种部位皮肤异常（湿疹、特应性皮炎等），应暂缓接种。如宝宝对蛋类过敏，禁忌接种黄热病疫苗。

湿疹：湿疹患儿可以接种各类疫苗，且接种疫苗后不会加重湿疹疾病症状。所以只要接种部位皮肤正常，便可以正常接种疫苗。

（4）热性惊厥：对于单纯性热性惊厥，或非频繁性发作的热性惊厥（半年内发作<3次，且1年内发作<4次），既往没有惊厥持续状态（持续惊厥超过半小时），本次发热性疾病痊愈后，可按免疫程序接种各类疫苗，建议每次接种1剂次。

（5）先天性心脏病：生长发育良好，心功能正常（射血分数EF≥60%）的先天性心脏病患儿，可以进行接种。这个需要专业的儿科医生进行评判。

4. 如何处理疫苗接种后的一般反应？

（1）接种疫苗后，注射部位可出现红晕、轻度肿胀和疼痛，偶见引流淋巴结肿痛，这是接种疫苗后的局部反应，多在接种24小时内发生，一般在1~2天后逐渐消退。轻症一般无须处理，较重者可局部热敷。

（2）卡介苗（BCG）接种后10~14天，局部出现结节状红肿，4~6周变成脓疱或溃烂，8~12周愈合留疤，偶有同侧腋下淋巴结肿大。卡介苗引起的局部反应不能热敷，保持清洁干燥即可。如果接种卡介苗后局部形成大脓肿或腋下淋巴结肿大超过1cm，应到医院诊治。

（3）接种疫苗后可能还会出现发热、头痛、乏力、恶心、呕吐、腹痛及腹泻等全身反应。发热多于接种后数小时至24小时内发生，一般持续1~2天，很少超过3天，大多为低热或者中度发热，少有高热。轻症全身反应无须特殊处理。家长应让孩子多喝水、多休息，吃易消化的清淡食物。但宝宝接种疫苗出现以下情况应立即去医院：休温38.5℃以上，超过48小时仍不退烧，尤其是3月龄以下或有高热惊厥史的宝宝；或者虽然体温在38.5℃以下，但精神状况差；宝宝出现精神差、排尿减少、脱水、腹痛、严重呕吐腹泻、抽搐、严重咳嗽、呼吸异常等情况。

六、并发症的防治策略

婴儿期是宝宝出生后生长发育最快的时期，由于各系统器官仍处于发育不成熟阶段，体内来自母体的抗体逐渐减少，自身免疫功能不成熟，易发生如支气管肺炎、毛细支气管炎、急性胃肠炎等感染性疾病，以及轮状病毒性肠炎、手足口病、水痘、麻疹、百日咳等传染性疾病。无论哪种原因所致疾病发生，均有导致并发症的风险，其发生率根据疾病种类、严重程度、对功能脏器损伤程度及数量决定。婴儿期，确保健康的重要手段是按时完成计划免疫接种，对其父母进行健康宣教；部分母乳喂养或人工喂养婴儿应选择配方奶粉，6个月开始添加辅食，定期体格检查，坚持户外运动等。

1. 以支气管肺炎为代表的感染性疾病

（1）婴儿因抵抗力低下，喜吸吮手指、食玩具及四处爬行、玩耍，如不做好手卫生、用物及玩具消毒，极大可能通过粪口传播、飞沫传播等途径传播疾病，出现发热、咳嗽、咳痰、气促、呕吐、腹痛、腹泻、皮疹等症状表现，严重时还需住院治疗或抢救治疗。

（2）防治策略：①勤洗手，加强手卫生；②房间每天清洁，开窗通风；③物品、玩具常消毒，家庭中多以高温灭菌法进行消毒；④避免去人多聚集、空气不流通场所，戴好口罩，做好防护；⑤社区或医院医务人员及工作者组织专业团队，进行婴儿期疾病科普宣教，加强从医院到家庭的沟通，增强婴儿父母对疾病的认识，早识别、早就诊、早针对性治疗，减少疾病带来的机体伤害，减轻疾病的严重程度，从而防治并发症。

2. 以轮状病毒肠炎为代表的传染性疾病

（1）婴儿期传染病多由粪口传播、飞沫传播等途径在人与人之间传播，传染性极强，范围广，速度快，亦导致婴儿呼吸道及胃肠道症状。轮状病毒感染所致肠炎，表现为呕吐、腹痛、腹泻，大便每日10余次，蛋花样，酸臭味，易致机体脱水，严重时发生病毒性脑炎，导致长期后遗症，其他病毒所致传染性疾病最终以脑损伤影响长期预后。

（2）防治策略：①按期、及时完成婴儿预防接种；②加强消毒，阻断传染源；佩戴口罩，阻断传播途径；合理喂养、营养搭配，增强机体免疫力，阻断易感人群；③进一步加强健康、疾病宣教，通过网络平台、现场线下科普宣传等方式，使婴儿家属获取相关知识，使其掌握疾病防治知识要点，共同维护、促进婴儿健康，减少并发症发生，减轻社会、家庭负担，让每一位祖国的花朵均能健康成长。

七、用药指导

在婴儿期阶段，由于宝宝自身发育尚未成熟，自身免疫力较低，容易发生各种感染性疾病，如呼吸道感染和消化道感染等。因为此时宝宝的肝肾功能发育还不完善，消化功能较差，对药物吸收、消化的能力会相对较弱，用药不慎会导致肝脏、肾脏的损害，所以在婴儿用药方面一定要谨慎。

（一）常用药物

在婴儿期，宝宝常用的药物主要有以下几种。

1. 退烧药　宝宝发烧是最常见的症状，退烧药是首要的必备药品。对乙酰氨基酚滴剂、布洛芬混悬液或栓剂是儿童最常用的两种退烧药。服药后多饮水，防止大量出汗造成虚脱，出汗后勤换衣服防止受凉。

2. 感冒药　如果宝宝出现打喷嚏、流鼻涕等情况，可以服用小儿氨酚黄那敏颗粒、安儿宁颗粒、小儿抗感颗粒等。如果存在炎症，可以使用头孢类及青霉素类药物，如头孢克肟颗粒、头孢克洛干混悬剂、阿莫西林颗粒等。

3. 止咳药　目前常用的止咳药有小儿止咳糖浆、小儿桔贝合剂、肺力咳合剂、百蕊颗粒、氨溴特罗口服溶液等。值得注意的是，因为咳嗽是由炎症、异物或化学刺激引起，具有清除呼吸道异物和分泌物的保护性作用，如果服用止咳糖浆，尽量不要喝水，以免药物浓度降低影响疗效。倘若医生同时开具了几种药物，可以最后服用止咳糖浆。

4. 腹泻、呕吐用药　儿童消化功能弱，饮食不当、手卫生不好均可导致宝宝发生腹泻、呕吐等肠道不适，因此，建议备用蒙脱石散、口服补液盐、益生菌等。①蒙脱石散：主要作用为收敛、止泻，通过在肠道内形成一层保护膜，可以吸附病原体和毒素，使两者失去致病作用；②口服补液盐：在腹泻或呕吐的早期服用，可以及时补充丢失的水分、电解质等，预防脱水发生；③益生菌：起到调节肠道菌群的作用。

5. 抗过敏药　如盐酸西替利嗪滴剂或口服液，适用于过敏性鼻炎、过敏性湿疹、药物或食物过敏。

6. 皮肤外用药　包括：①炉甘石洗剂，用于缓解痱子及蚊虫叮咬后的瘙痒；②地奈德乳膏或丁酸氢化可的松乳膏，用于湿疹及缓解蚊虫叮咬后较重的肿痛；③夫西地酸乳膏或莫匹罗星软膏，用于皮肤感染。

（二）用药注意事项

宝宝生病在使用药物的时候，同时要注意以下几个方面：

1. 要选择婴儿专用药物，不能把成人使用的药物减量来使用，婴儿用药并不是单纯地将成人剂量减少，而存在着特殊性。

2. 严格控制用药的剂量及用药方法。宝宝的身高和体重在婴儿期不停地增长，生理功能日趋成熟，宝宝用药的剂量要根据宝宝的体重来决定，依据宝宝的体重算出宝宝具体的用药量。因此，一定要严格遵医嘱或者仔细阅读药品说明书后使用。并且用药方法要得当，要分清餐前服用还是餐后服用，减少对胃肠道的刺激。

3. 尽量减少联合用药，降低不良反应。同时要注意观察宝宝在用药之后是否发生过敏反应及其他一些不良状况。比如使用退烧药，可能会出现哮喘的情况，所以使用退烧药后需要特别注意。

4. 宝宝新陈代谢比较旺盛，血液快速循环，药物吸收消化后很快就会排出体外，所以一定要按时用药。

第九篇 产后康复

女性在妊娠和分娩时期要经历骨骼肌肉系统、生理和情绪上的巨大改变，在此期间女性应该学习产后康复与健康促进的相关知识，根据自身的变化情况选择适合的康复措施来保持健康。

一、妊娠、分娩诱发的变化

（一）妊娠引起的生理变化

1. 骨骼肌肉系统

（1）腹部肌肉：腹部肌肉包括腹直肌、腹横肌、腹内斜肌和腹外斜肌，在维持躯干稳定和进行日常生活活动方面起着重要的作用。妊娠会造成腹部肌肉的持续牵伸，尤其是腹直肌，在妊娠末期被牵伸至其弹性极限，这一变化降低了肌肉的收缩力，影响腹部肌肉收缩的效率。

（2）盆底肌肉：盆底肌肉能抵抗体重的变化，承托盆腔内器官，承受腹腔增加的压力。妊娠时随着胎儿重量的不断增加，骨盆底逐渐下降，可达 2.5cm。

（3）韧带和关节：孕期母体松弛素和黄体素分泌增加，导致韧带张力减弱而被拉长，躯干的稳定性降低，关节过度松弛，尤其是背部、骨盆、髋、膝、踝等承重关节，因此这一阶段机体容易受伤。

2. 姿势与平衡

（1）重心：妊娠期间子宫和乳房的增大引起重心的向上向前转移，为了维持平衡和身体稳定，往往需要改变身体姿势进行代偿，包括颈椎和腰椎前凸增加、膝关节过度伸直、胸肌紧张、背部肌肉持续牵伸无力、圆肩体态、头前倾、重心移至脚跟等姿势的变化。这些变化不会在分娩之后自动纠正，有许多姿势代偿在照护婴儿期间甚至会得到强化，久而久之就形成习惯，最终诱发姿势不良综合征。

（2）平衡：因为孕期体重的增加，孕妇往往会增加髋关节外旋的程度，以便在行走的过程中获得更大的支撑面维持平衡。随着胎儿的生长，孕妇弯腰、行走、上下楼梯等日常生活活动更加困难，在孕晚期需要避免对平衡有很高要求的活动，例如有氧舞蹈、骑行。

（二）女性盆底的功能与功能障碍

盆底由多层封闭骨盆出口的肌肉和筋膜组成，包含盆底肌肉群、筋膜、神经、韧带、血管等结构，共同构成复杂的盆底结构，相互支持和作用，在承托和维持子宫、膀胱等盆腔器官的正常位置中起着重要的作用。盆底肌是组成盆底肌肉的内层，包含肛提肌和一对尾骨肌。肛提肌在盆底支持功能中起最为重要的作用，同时有缩小阴道、控制排尿排便的作用；尾骨肌位于肛提肌的后方，协助肛提肌封闭骨盆下口、承托盆腔器官。

1. 盆底肌的功能

（1）支持功能：盆底肌功能正常时能抵抗腹腔增加的压力，防止盆腔器官被挤压下降；若盆底肌支持功能受到损害，例如肛提肌损伤，则会出现盆腔器官脱垂。

（2）括约功能：肛提肌收缩能引起尿道关闭，协助尿道括约肌控尿，在咳嗽等腹内压增加的应激事件发生时有助于避免漏尿事件的发生；肛提肌收缩时还能减小肛直角，从而控制排便；若肛提肌收缩功能下降，则会出现大小便失禁。反之，排尿排便动作的发生也需要肛提肌的舒张，若肛提肌张力过高，则会出现排尿排便困难。

（3）性功能：起主要作用的是肛提肌和会阴部肌群，收缩能增强性唤起和性高潮。当盆底肌群肌肉松弛时，阴道感觉轻度丧失，没有性高潮；当张力过高时引发阴道痉挛，出现性交痛。

2. 分娩对盆底的影响

（1）神经损伤：自然经阴道分娩过程中婴儿头部通过产道时会压迫与牵拉会阴部神经，在分娩第二阶段推挤时对神经损伤最为剧烈。

（2）肌肉损伤：在分娩过程中盆底组织被牵伸至其极限，甚至可能会出现撕裂伤。在产程中使用产钳，或者施行侧切、外阴切开术都会造成肌肉的额外损伤。

3. 盆底功能障碍　盆底功能障碍是指因盆底组织损伤导致盆底功能减退，使患者盆腔器官移位和功能失调，是产后女性常见的功能障碍，长期而严重地影响女性的生活质量。妊娠、阴道分娩是诱发盆底功能障碍的不利因素。妊娠期间子宫不断增大、腹内压逐渐增加、持续压迫盆底肌肉、盆底胶原纤维减少等原因导致盆底功能减退，出现盆底功能障碍；而阴道分娩会损伤盆底组织，造成盆底支持系统的损伤。盆底功能障碍主要有压力性尿失禁、盆腔器官脱垂、排尿排便障碍、性功能障碍、盆腔疼痛等临床症状，可以分为以下三种类型。

（1）脱垂：脱垂是指盆腔器官因肌肉、筋膜或韧带松弛或缺陷而脱离自己正常的位置，导致盆腔器官功能障碍。大量研究表明，分娩和腹内压增高是盆腔器官脱垂的高危因素，且脱垂情况往往随着时间和再次妊娠而恶化。轻症患者无自觉症状，重症患者可感觉阴道脱出块状物，伴腰部疼痛和下腹坠胀等多种不适症状，许多患者同时伴有排尿排便困难或尿失禁。女性一旦被诊断为盆腔器官脱垂，需要尽量避免提重物、便秘、慢性咳嗽、肥胖等增加腹压的情况，推荐适当减肥、饮食调节（增加膳食纤维的摄入）、定时排尿排便、盆底肌训练和药物治疗等方式改善脱垂状况。

（2）尿失禁：尿失禁是指"主诉为任何非自主性的漏尿行为"，常与盆腔器官脱垂一同发生。最为常见的类型是压力性尿失禁，在人体发生咳嗽、大笑、打喷嚏等引起腹内压增高的行为时，尿液不自主地自尿道排出，由括约肌功能不全导致，可能与多次分娩后脱垂的骨盆底部解剖结构改变有关。按照压力性尿失禁的发生情况，可分为轻、中、重三种程度，轻度是指咳嗽和打喷嚏时出现尿失禁，中度是指在跑、跳、快走等日常活动时出现尿失禁，重度是指轻微活动、平卧体位改变时出现尿失禁。研究表明盆底肌力训练（凯格尔运动）可显著改善漏尿行为，是尿失禁治疗中最常用和有效的治疗手段。

（3）疼痛和肌张力过高：分娩时软组织和骶髂关节损伤、会阴撕裂延迟愈合等都会导致盆腔疼痛和盆底肌肌张力过高，疼痛位置局限在盆底、脐平面以下、腰骶部和臀部，可放射至大腿后侧和膝关节，影响患者坐、站、行走等日常生活活动，患者在活动时伴随疼痛感、久坐忍耐度下降、出现性交疼痛和排便排尿障碍等，症状无法因休息而得到缓解。盆腔疼痛持续 6 个月以上就是慢性盆腔疼痛，往往伴随腰背部肌肉和臀部屈肌的持续性紧张。除药物治疗之外，还可采用心理治疗和表面肌电治疗，有器质性病变的患者应根据病情采取腔镜手术治疗。

（三）妊娠、分娩诱发的病理变化

1. 腹直肌分离 腹直肌分离是指腹直肌沿白线产生分离的现象，常见于怀孕和产后的妇女。腹直肌分离会限制腹肌的生理功能，无法独立完成仰卧位到坐位的转移；同时降低腹部肌肉对腰椎和骨盆的稳定性，增大腰背肌的负荷从而导致下背痛。产后第三天及之后可进行腹直肌分离测试，判断产妇是否有腹直肌分离现象及腹直肌分离的严重程度，测试方法如下：产妇仰卧位，屈膝屈髋，双手平放在身体两侧，产妇腹肌收缩用力，慢慢抬高头部和肩关节直至肩胛骨离开床面，将自己一只手的手指横向放置在腹部中线上，若手指陷入两侧腹直肌之间，则存在腹直肌分离现象，此时还需记载放置于腹直肌之间的手指数（图 9-1）。

2. 姿势性腰痛 大部分产妇在妊娠和产后期间会出现下背痛，与孕期身体姿势改变，松弛素等激素导致的韧带松弛和腹肌功能降低有关，症状严重时会影响产妇的正常工作和生活，通常休息和姿势变换可以缓解症状，治疗时要注重矫正异常姿势，重构正常的身

图 9-1　腹直肌分离测试

体力线，可使用物理因子治疗来缓解疼痛，改善肌肉功能。

3. 盆腔疼痛　盆腔疼痛的特征见上文，康复介入可通过改变或限制引起疼痛的运动模式、增加腰椎和骨盆的稳定性来改善盆腔疼痛，束腹带和腰带等外部稳定装置也可助于缓解盆腔疼痛，尤其是在走路时。

4. 关节松弛　在妊娠和刚生产后，由于激素的影响，全身所有关节处于松弛状态，更容易受到损伤，因此需教导产妇安全运动模式，减少过度的关节应力，避免进行承重性运动或抗阻运动。

5. 神经压迫症状　孕妇头颈部姿势改变，长期处于不良体态，加上全身激素变化、循环功能受限、体液滞留等因素，可诱发胸廓出口综合征和腕管综合征；同时胎儿体重增加、不利的全身性因素也会引起下肢神经受压。常用的治疗手段包括姿势矫正运动、手法治疗、物理因子治疗和矫形器。

二、产后的运动介入

（一）正常生产产后的运动介入

产后运动的目的是最大程度地减少身体功能损伤，帮助产妇在照顾婴儿的同时保持和恢复其功能。

1.产后运动的原则　自然分娩的产妇提倡尽早活动，产后6~12小时即可进行轻微的活动，产后第二天即可在室内行走。早期运动时禁止憋气，不扭转身体，不压迫腹部，运动时不增加腹肌和盆底肌的压力，不过早负重，以静态肌肉收缩和四肢关节运动为主。

2.产后运动的禁忌证

（1）有严重脏器疾病或代谢性疾病者；

（2）有高热、出血倾向、血栓形成者；

（3）严重的皮肤病或传染性疾病者；

（4）产后大出血、严重产伤者；⑤产后贫血、严重体弱者。

3.产后运动的注意事项

（1）运动过程中需做好保护措施，预防关节损伤。

（2）运动前进行充分的热身运动，运动完成后进行足够的放松运动。

（3）哺乳期妇女也可进行适当的运动，运动可能会导致母乳中乳酸含量短暂增加，若婴儿在母亲运动后吃得较少，可以在运动前先哺乳。

（4）产后6周内避免俯卧膝胸位。

（5）不超过关节运动的生理范围，避免过度牵伸肌肉。

（6）出现持续性疼痛，尤其是胸部、盆底时停止运动。

（7）若运动后排出的恶露出血增加或转为鲜红色，则停止运动。

4.产后运动的形式　产后运动应遵循循序渐进的原则，产后1周内运动的主要目的是恢复身体功能，产后6周内运动以增强体能和机体核心稳定能力为主，产后6周后运动以减重和修复形体为主。关键的运动形式包括盆底肌强化运动、腹直肌分离的矫正运动和有氧运动与强化训练。

（1）盆底肌强化运动：即常说的凯格尔运动，旨在通过对盆底肌的收缩和放松运动训练促进盆底肌血液循环，恢复肌肉本体感觉，增强盆底肌功能。进行训练前产妇应排光膀胱，早期训练时可在产妇大腿之间放置瑜伽砖、毛巾卷等辅助物品，嘱产妇夹辅助物以找到盆底肌收缩的感觉（图 9-2）；然后训练产妇进行盆底肌收缩-放松训练，收缩盆底组织向肚脐方向提拉 3~5 秒，然后放松，重复该动作 10 次；产妇能较好地掌握盆底肌收缩-放松训练后，进行盆底肌"电梯"运动，嘱产妇像乘坐电梯一样控制自己盆底肌的运动，逐层提升盆底肌的收缩程度，随后逐级放松；当盆底肌功能越来越好时，训练盆底肌的随意收缩和放松，可变换收缩的节奏和速度。

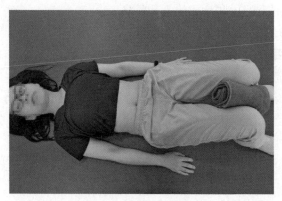

图 9-2　盆底肌强化运动

（2）腹直肌分离的矫正运动：腹直肌分离>2cm 的产妇应持续进行矫正运动直至分离<2cm（2 指）或更少。具体操作步骤如下：产妇仰卧位屈膝屈髋，双手越过身体中线放置于双侧腹直肌肌腹上，嘱产妇慢慢呼气并将头抬离床面，同时双手轻轻将两侧腹直肌往身体中线牵拉，然后慢慢放松降低头部（图 9-3）；若产妇不能成功抬起头部，可使用腹直肌纠正带包裹躯干以提供支持。腹直肌分离<2cm 后可逐渐增加腹肌运动的强度。

（二）剖宫产产后的运动介入

剖宫产的产妇也提倡尽早离床活动，在能忍受的情况下尽快进行预防性运动，促进身体功能的恢复，预防静脉血栓等并发症的发生。建议的运动形式如下：

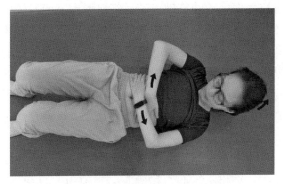

图 9-3 腹直肌分离的矫正运动

1. 早期可进行踝泵运动，逐渐过渡到下肢关节活动和行走，促进血液循环，避免下肢深静脉血栓形成。

2. 检查产妇是否有腹直肌分离症状，若存在腹直肌分离则应在保护手术切口的前提下慢慢进行腹肌定位收缩；有姿势异常的产妇需进行姿势矫正训练。

3. 尽早进行深呼吸、咳嗽和吹气训练，避免肺部感染，因剖宫产伤口的影响，产妇难以完成咳嗽和吹气动作，可以让产妇以一只手或一个枕头辅助固定伤口，同时收缩腹部肌肉，有力而重复地用嘴呼气发出"哈"音。

4. 对盆底肌进行训练，恢复其张力和肌肉功能。

5. 早期进行腹部按摩和骨盆倾斜运动、部分卷腹屈曲运动，6周后可增加臀桥运动并在进行臀桥运动时左右扭转髋关节，用以缓解肠道胀气引发的疼痛。

6. 腹部切口愈合到一定程度后，在靠近切口处尽快开始交叉摩擦式按摩，避免瘢痕粘连。

7. 6~8 周后才能进行较为剧烈的运动。

三、产后气血脏腑调理

产后气血调理和脏腑功能调理是产后康复的前提和基础。气血是人体代谢和生理活动的基础，产后气血亏虚是产后妈妈常见的问题，只有做好补足产后气血才能更好地促进产后妈妈身体其他功能障碍的康复。人体生理功能的好坏决定于人体脏腑功能的强弱，因此产后妈妈做好肝脾肾功能的提升，对后期身体功能整体的康复有极强的推动作用。产后气血调理和脏腑功能调理，针对不同体质的产后妈妈通常采用的方式有食疗、物理疗法、运动疗法。

（一）九种体质膳食指导

1. 平和质　平和质体形匀称健壮，表现为肤色润泽，头发密、有光泽，目光有神，嗅觉通利，味觉正常，精力充沛，耐受寒热，睡眠安和，胃纳良好，二便正常。性格随和开朗，平素患病较少。经期持续 3~7 天，色红、质不稀不稠、无大血块，总量 50~80mL；带下色白或无色透明，质黏而不稠，量适中，无异味。

膳食指导：饮食应有节制，不要过饥过饱，不要常吃过冷过热或不干净的食物，粗细粮食要合理搭配，多吃五谷杂粮、蔬菜瓜果，少食油腻及辛辣之物。

2. 气虚质　气虚质肌肉松软，表现为气短懒言，精神不振，疲劳易汗，目光少神，唇色少华，头晕健忘，大便正常，小便或偏多。性格内向、不稳定。容易患感冒、内脏下垂。经期延长、推后或闭经，经色淡红质稀，经量或多或少，量多如崩或淋沥不止。带下色白或淡黄，质清稀，量多，甚或绵绵不断，无异味。

药膳指导：常见的补气中药有黄芪、人参、党参、西洋参、白术、山药。食疗如黄芪童子鸡：取童子鸡 1 只洗净，用纱布袋包好生黄芪 9g，取一根细线，一端扎紧纱布口袋，置于锅内，另一端则绑在锅柄上。在锅中加姜、葱及适量水煮汤，待童子鸡煮熟后，拿出黄芪包。加入盐、黄酒调味，即可食用。可益气补虚。

3. 阳虚质　阳虚质肌肉松软，表现平时畏冷，喜热饮食，精神不振，睡眠偏多，口唇舌淡，毛发易脱，容易出汗，大便稀薄，小便清长。易发寒证、肿胀和泄泻等病证。经期延长、推后或闭经，经色淡红质稀，经量或多或少，量多如崩或淋沥不止。带下色白或淡黄，质清稀，量多，甚或绵绵不断，无异味。

药膳指导：常用如鹿茸、肉苁蓉、淫羊藿、枸杞、附子、干姜、吴茱萸、丁香、高良姜、花椒、小茴香等。食宜温和，食疗如当归生姜羊肉汤：当归 20g，生姜 30g，冲洗干净，用清水浸软，切片备用。羊肉 500g，入开水锅中略烫，除去血水后捞出，切片备用。当归，生姜、羊肉放入砂锅中，加清水、料酒、食盐，旺火烧沸后摊去浮沫，再改用小火炖至羊肉烂熟即成。本品温中补血、祛寒止痛，适合冬日使用。

4. 阴虚质　体形瘦长，手足心热，口干舌燥，大便干燥，两目干涩，唇红微干，皮肤偏干，易生皱纹，眩晕耳鸣，睡眠差，小便短。性格急躁，外向好动。易受燥邪，易患阴亏燥热病等。经期偏短、月经先后无定期，经色偏红而稠，经量偏少或淋沥不净甚者闭经。带下色淡黄或赤白相兼，质黏稠，量少，无异味。

药膳指导：常用如南北沙参、麦冬、天冬、石斛、枸杞、山茱萸等。食疗如莲子百合煲瘦肉：用莲子（去芯）20g，百合 20g，猪瘦肉 100g，加水适量同煲，肉熟烂后用盐调味食用，每日 1 次。有清心润肺、益气安神之功效。适用于阴虚质干咳、失眠、心烦、心悸等症者食用。

5. 痰湿质　体形肥胖，腹部肥满松软。面部油多，多汗且黏，面黄晴胖，眼泡微浮，容易困倦，身重不爽，大便正常或不实，小便不多或微湿。性格温和、多善忍耐。易患中风、胸痹等病证。经期延长、推后或闭经，经色淡红，质稀，经量少。带下色白或淡黄，质清稀，量多，甚或绵绵不断，无异味。

药膳指导：常用如茯苓、薏苡仁、藿香、厚朴、佩兰等。食疗如山药冬瓜汤：山药 50g，冬瓜 150g，同置锅中慢火煲 30 分钟，调味后即可饮用。本品可健脾、益气、利湿。

6. 湿热质　形体偏胖。面垢油光，易生痤疮，口苦口干，身重困倦，大便燥结，小便短赤，易患带下病。易躁易怒。易患疮疖、黄疸、火热等病证。月经先期，经色鲜红量多，质黏稠或有血块，经量多。带下色黄或赤或黄白相间，质黏稠，量多或有异味。

　　药膳指导：常用如黄连、黄柏、龙胆草、栀子、苦参等，忌食辛温滋腻。食疗如泥鳅炖豆腐：泥鳅 500g 去腮及内脏，冲洗干净，放入锅中，加清水，煮至半熟，再加豆腐 250g，食盐适量，炖至熟烂即成。可清利湿热。

　　7.血瘀质　瘦人。面色晦暗，易有瘀斑，易患疼痛，口唇暗淡或紫，眼眶暗黑，发易脱落，肌肤干，女性多见痛经、闭经等。性情急躁，心情易烦。月经后期或闭经，经行不畅，月经周期长短不定，经色暗红有血块，经量多少不定。带下色白，质黏稠，量少无异味。

　　药膳指导：常用如益母草、当归、丹参、山楂、桃仁、红花等。食疗如山楂红糖汤：山楂 10 枚，冲洗干净，去核打碎，放入锅中，加清水煮约 20 分钟，调以红糖进食。可活血散瘀。

　　8.气郁质　形体偏瘦。忧郁面貌，烦闷不乐，胸肋胀满，走窜疼痛，多伴叹息则舒，睡眠较差，健忘痰多，大便偏干，小便正常。忧郁脆弱，敏感多疑。易患郁证、不寐、惊恐等病证。经行不畅，月经周期长短不定，经期提前或推后不定，经色暗红或有血块，经量多少不定。带下色白，质黏稠，量少，无异味。

　　药膳指导：常用如橘皮、枳壳、薄荷、枳实、香附、玫瑰花等。食宜宽胸理气，如橘皮粥：橘皮 50g，研细末备用。粳米 100g，淘洗干净，放入锅内，加清水，煮至粥将成时，加入橘皮，再煮 10 分钟即成。本品理气运脾，用于脘腹胀满，不思饮食。

　　9.特禀质　无特殊或有生理缺陷。特禀质是属于八种偏颇体质中的一种，通常所说的过敏体质属于特禀质的一种类型，特禀质的发生要与先天遗传因素和后天不耐受外邪等相关，包括先天性、遗传性的生理缺陷与疾病、过敏反应等，特禀质人群以生理缺陷、过敏反应等表现为主要特征，较为易发一些先天性遗传疾病，其中过敏体质人群易患哮喘、荨麻疹、花粉症以及药物过敏等。

　　药膳指导：食宜益气固表，食疗如固表粥：乌梅 15g，黄芪 20g，当归 12g，放入砂锅中加水煎开，再用小火慢煎成浓汁，取出药汁后，再加水煎开后取汁，用汁煮粳米100g成粥，加冰糖趁热食用。可养血消风，扶正固表。

（二）肝脾肾三脏同调

1. 肝脏的功能及其调理 肝在五行属木，为阴中之阳，通于春气。肝主疏泄、主藏血，在体合筋，开窍于目，其华在爪，在液为泪，肝藏魂，在志为怒。其经脉为足厥阴肝经，与足少阳胆经相互络属，互为表里。

（1）肝脏的主要生理功能：①调节情志活动。在中医理论中，人的情志活动，除了为心所主宰外，还与肝的疏泄功能有密切的关系。肝的疏泄功能正常，气机调畅，方能保持精神乐观、心情舒畅、气血和平、五脏协调；反之，若肝主疏泄功能障碍，气机失调，就会导致精神情志活动的异常。②助消化吸收。肝助消化的作用主要体现在两个方面：一是肝能促进胆汁的生成和排泄；二是维持脾胃气机的正常升降，是血的运行动力，气行则血行，气滞则血瘀，若肝疏泄失职，通利作用失常，则出现血瘀等种种病证，如胸胁刺痛，并积肿块、月经不调等。③主藏血。肝藏血是指肝脏具有储藏血液和调节血量的功能。人体的血液由脾胃消化吸收来的水谷精微所化生。血液生成后，一部分运行于全身，被各脏腑组织器官所利用，另一部分则流入到肝脏而储藏之，以备应急的情况下使用。

（2）生活饮食注意事项：注意情绪疏导，减轻压力，增加户外活动。

（3）食疗推荐：肝血虚，在生活上注意多吃含铁质的食物，如黑芝麻、红枣、莲藕、桂圆肉、红糖、葡萄、樱桃、乌鸡、黑木耳、猪肝、鸡肝等。实证，推荐茶饮方：①佛手姜茶。材料：佛手10g，生姜6g，白糖适量。做法：将佛手、生姜同煮，去渣，加入白糖另溶。不拘时服用。功效：生姜可健胃止呕、温中和胃，可加强佛手疏肝解郁的作用，服后可使气郁不舒而胸膈胀闷的症状明显改善。热证明显者不建议用该茶饮方。②玫瑰花茶（材料：干玫

191

瑰花6~10g。做法：将上品放茶杯内，冲入沸水，加盖30分钟后，代茶饮用。不拘时温服。功效：玫瑰花甘、微苦，可行气解忧舒肝，是一味平缓的茶疗方，尤其情绪不稳而胸闷者可多加喝用）。

（4）推荐中药：柴胡、当归、薄荷、夏枯草、龙胆草、鸡血藤、益母草、决明子、青蒿、蒲公英、野菊花等。

（5）理疗推荐：顺推或逆推足厥阴肝经循行线。①肝（阴）血不足：盒灸或悬灸神阙、关元、气海、膈俞、肝俞、脾俞、肾俞等穴，点按太溪、三阴交、阴陵泉、血海、足三里、合谷等穴。②肝郁气滞：留罐期门、章门、肝俞等穴，分推胁肋阴阳及任脉由中脘至神阙。点按膻中、气海、关元、太冲、阳陵泉、支沟等穴。③肝阳上亢：留罐期门、章门、大椎、膈俞、肝俞等穴，分推胁肋阴阳及任脉由中脘至神阙。点按太冲、太溪、三阴交、曲池、委中、涌泉等穴。肝火上炎，头胀痛、眼睛红赤，加点按百会、头维、太阳、攒竹、鱼腰、丝竹空等穴，推胸锁乳突肌。④肝胆湿热：留罐期门、章门穴、大椎、肝俞、胆俞、脾俞、肩腧等穴，分推胁肋阴阳及任脉由中脘至神阙。点按太冲、三阴交、足三里、丰隆、下脘、中脘等穴。

2. 脾脏功能及其调理　脾位于中焦，在膈之下，上连食道，下通小肠。脾主运化水谷精微，为人身气血生化之源，故被称为"仓廪之官""后天之本"。脾主运化、升清、统血。其在志为思，在液为涎，在体合肌肉、主四肢，在窍为口，其华在唇。胃与脾同居中焦，胃为阳明燥土，属阳；脾为太阴湿土，属阴。胃的主要生理功能是主受纳和腐熟水谷。胃的生理特性是主通降、喜润恶燥。

（1）脾脏的主要生理功能：①脾主运化。脾的运化功能可分为运化水谷和运化水湿两个方面。运化水谷就是将水谷消化成为精微物质并将其运输、布散到全身，这些功能需胃和小肠等的配合，但主要以脾为主。所以称脾胃为"后天之本""气血生化之源"。②脾主升清。"升清"即是指水谷精微等营养物质的吸收和上输于心、肺、头目，通过心肺的作用化生气血，以营养全身。由于脾气的升发，才能使内脏不致下垂。③脾主统血。脾有统摄血液在经脉之中流行，防止溢出脉外的功能，脾气虚弱，不能控制血液在脉管中流行，则可导致便血、尿血、崩漏等出血病证。

（2）食（药）物推荐：山药、山楂、红薯、薏米、白扁豆、牛肉、猪肚、鲫鱼、大枣、樱桃、芡实、莲子肉、党参、太子参、粟米、狗肉、黄芪、紫河车、白术、茯苓、陈皮、（炒）麦芽、甘草等。扁豆粥：米150g，扁豆100g，有健脾祛湿的功效。

（3）理疗推荐：虚证顺推脾经，实证逆推胃经，虚实夹杂则脾胃两经络交替。①脾胃气虚：盒灸，灸腹部的中脘、神阙、关元、气海、天枢、归来等穴，以及背部的脾俞、胃俞、肾俞等穴。点按三阴交、阴陵泉、血海、阳陵泉、足三里、合谷等穴。②脾胃阳虚：盒灸，重灸腹部的中脘、神阙、关元、气海、天枢、归来等穴，以及背部的脾俞、胃俞、肾俞、腰阳关、命门等穴。悬灸百会、合谷、三阴交、阳陵泉、足三里等穴。③脾胃湿困：走罐背部督脉、膀胱经一二线，艾灸腹部神阙、气海、中脘等穴。④脾胃积热：留罐中脘、神阙、天枢（大横）、肩禺等穴及背部大椎、脾俞、胃俞等穴，点按三阴交、丰隆、足三里、阳陵泉、曲池、承山等穴。

3. 肾的功能及其调理　肾位于腰部，左右各一，有"先天之本"之称。肾的主要生理功能是藏精，主生殖与生长发育，主水，主纳气，生髓、主骨，开窍于耳，其华在发。

（1）膳食调理：韭菜炒鸡肉。韭菜500g，鸡肉100g，虾米15g，将韭菜洗净，切成小段，锅烧热，放入适量食用油，将韭菜、鸡肉和虾米一同炒熟，加少许盐即可。

（2）中药建议：可选取鹿茸、山药、淫羊藿、杜仲、肉苁蓉、菟丝子、熟地黄、枸杞等。具体根据医生处方。中成药推荐：六味地黄丸、左归丸偏滋肾阴；金匮肾气丸、右归丸偏壮肾阳。

（3）理疗推荐：顺推足少阴肾经腿部、腹胸部的循行线。①气虚型：盒灸或悬灸正面的神阙、关元、气海等穴，温灸20分钟，同时点按正面的穴位；或背部的脾俞、胃俞、肾俞、气海俞、关元俞、百会等穴，温灸20分钟，同时点按背面的穴位。点按两侧的涌泉、太溪、三阴交、足三里、合谷、百会等穴，每穴各

1.5~2分钟。②阳虚型（宫寒）：盒灸正面的神阙、关元、气海及背部的脾俞、胃俞、肾俞、气海俞、关元俞、腰阳关、命门等穴。悬灸两侧的百会、涌泉、太溪、三阴交、足三里、合谷等穴。③阴虚型：灸或罐神阙、关元、气海等穴，以及背部的脾俞、胃俞、肾俞、气海俞、关元俞等穴。点按水泉、照海、三阴交、阴陵泉、血海、合谷等穴。

四、产后乳房修复保养

哺乳妈妈将所有的爱都倾注在宝宝的哺乳上，而忽视了对乳房的关爱。哺乳期对乳房的保养修复不当，容易导致乳房松弛下垂，以及乳腺炎、乳腺增生、乳头皲裂等问题。因此宝妈妈在哺乳期及平时都要注重做好乳房护理保健，从哺乳、清洁、按摩、运动、内衣的选择等方面塑造健康、挺拔的乳房。

（一）乳房下垂的预防

很多妈妈担心哺乳之后乳房会下垂，但事实上哺乳和保持乳房丰满、挺拔并不矛盾。哺乳促进了催乳素的分泌，而催乳素会增强乳房悬韧带的弹性。正确的哺乳不仅不会导致乳房下垂，还能增加乳房的弹性，促进哺乳妈妈身体恢复。如何做到科学哺乳，维持乳房之美呢？需做到如下几方面：

1. 每侧乳房的哺乳时间保持在 10~15 分钟之间　妈妈的乳汁完全根据宝宝的需求而分泌，前乳含水、维生素和矿物质比较多，后乳中的蛋白质、脂肪和乳糖含量比较高。所以一定要养成宝宝每次吮吸单侧乳房 10~15 分钟的习惯，两侧乳房交替哺乳，防止哺乳后两侧乳房大小不一。如果宝宝没吃完，就要把剩余的乳汁挤出来。

2. 不要挤压乳房　乳房受外力挤压，乳房内部软组织易受到挫伤，容易引起内部增生等，且易改变外部形状，使双乳下塌、下垂。哺乳妈妈睡觉时最好采用仰卧和双侧交替侧卧，切忌抱臂或趴着睡，这样不但易挤压乳房，也容易引起两侧乳房发育不平衡。

3. 每日用温水清洗乳房两次 哺乳妈妈每日可以用温水清洗乳房两次，这样做不仅有利于乳房的清洁卫生，而且能增加乳房悬韧带的弹性，防止乳房下垂。洗澡时，可借助喷头的水力直接对胸部冲洗，可达到刺激胸部血液循环、按摩乳房的作用。

4. 哺乳期不要过长 联合国卫生组织、联合国儿童基金会、国际母乳协会倡导的喂养方式是母乳喂养可以持续到宝宝满 2 周岁，但不建议太长，否则不利于宝宝的健康，同时也不利于妈妈的乳房保健。

5. 避免体重增加过多 无论是在孕期还是在哺乳期，肥胖会导致乳房的下垂。

6. 哺乳时不要让宝宝过度牵拉乳头 在哺乳时妈妈让宝宝自然地含住乳头和乳晕，而不是让宝宝费力地寻找和吮吸乳头。每次哺乳后，妈妈可以用手轻轻托起乳房，按摩 3~5 分钟。

7. 断奶要循序渐进 哺乳期妈妈如果因为一些原因突然停止哺乳，会导致乳房压力突然增高，这样容易使乳腺发生萎缩，同时乳房也会萎缩。妈妈在断奶的时候要循序渐进，如果觉得乳胀，则需要用吸奶器将乳汁吸出来一些，千万不能过分涨奶，过分涨奶容易诱发乳腺炎。

8. 科学呼吸，预防乳房下垂 胸前合掌，深深地吸气，并用力合掌，使左右肘与臂成一字形，用力到双肩不能支持为止，然后慢慢呼气，并卸去手臂力量，使手臂放松。一呼一吸的时间约 8 秒钟，每日坚持 5 分钟，对于预防乳房下垂效果较好。

9. 坚持每天按摩，预防乳房下垂 每日临睡前，两手互搓至掌心发热，将掌心紧贴乳房、乳晕位置，以画圈的方式向上按摩，直至锁骨位置，然后将范围扩大至腋下继续做螺旋状按摩。

10. 坚持做扩胸运动 扩胸运动会促进胸部肌肉发达有力，有助于增强对乳房的支撑作用。下面这组动作有助于宝妈妈维持胸部肌肉坚实，预防乳房下垂，可以每天做 6~10 次。

（1）站立，双脚分开，与肩同宽，手臂侧平举（图 9-4）。

（2）两手臂移向前，平直前举（图 9-5）。

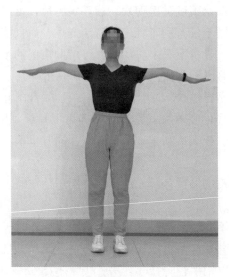

图 9-4　两手侧平举训练

图 9-5　两手平直前举训练

（3）双手向上举，手心相对（图 9-6）。

11. 坚持做胸部健美操　坚持做胸部健美操可以让乳房恢复昔

日的美丽。下面这一组动作每天坚持做两次。

（1）向前弯腰，双手放在膝上，上身尽量向前，背部保持挺直并收缩腹部，保持 20 秒（图 9-7）。

图 9-6　两手上举训练

图 9-7　胸部健美操动作一训练

（2）双手握拳，紧贴身体，屈双臂成90°，并尽量提高，保持20秒（图9-8）。

（3）双臂伸直，用力向后伸展，保持20秒（图9-9）。

图9-8 胸部健美操动作二训练

图9-9 胸部健美操动作三训练

（4）双脚分开，与肩同宽，双手抱住后脑勺，身体向左右各转 90°，重复 20 次（图 9-10）。

图 9-10　胸部健美操动作四训练

科普小知识：哺乳期选择松紧适宜的文胸

哺乳期的乳房呵护对防止乳房下垂特别重要。由于妈妈在哺乳期乳腺内充满乳汁，重量明显增加，更容易加重下垂的程度。哺乳妈妈要讲究文胸的选用，松紧合适的文胸能发挥最佳的提托效果。哺乳妈妈的文胸大小以舒适为宜，不要过于宽大，否则起不到提托乳房的作用；也不宜太紧，否则不利于乳房健康。在材质上应该注重吸汗、透气、无刺激性，最好是纯棉面料，不宜穿化纤材质的。

（二）急性乳腺炎的预防

急性乳腺炎是产后妈妈常发生的问题，但只要在哺乳期和日常生活中多加注意，可以有效地预防。预防急性乳腺炎的发生，需要做到如下几方面。

1. 做好乳房清洁　每天用温水擦洗乳房两次，减少细菌入侵的机会。一旦发现乳头皲裂停止哺乳喂养，并及时治疗，涂抹润护油，乳汁用吸奶器定时吸出来喂宝宝。

2. 注意宝宝的口腔卫生　适当给宝宝喂水，保持宝宝口腔清洁。

3. 哺乳后及时清空乳汁　哺乳后及时清空乳汁是防止堵奶、涨奶最好的方法。

4. 注意睡姿和文胸的大小　不良睡姿挤压乳房，易导致乳腺炎的发生；避免不良睡姿是预防乳腺炎的有效手段。文胸太小也会挤压到乳房，导致乳腺炎的发生；因此文胸的大小一定要适中，不能过紧，也不能过松。

5. 忌刚生产完就喝浓汤催乳　刚生产完的新妈妈身体很虚弱，饮食应是开胃补气养血的。且刚出生的小宝宝奶量小，提早催乳容易造成乳汁在乳房淤积，导致乳腺炎的发生。

6. 正确的哺乳方法和哺乳姿势　哺乳方法和姿势不当，容易造成输入管堵塞，使乳汁流出不畅，发生乳汁淤积和乳头皲裂。

7. 注意休息，及时就医　哺乳妈妈要保证充足的时间休息，保证合理的饮食，提高身体的抵抗力，减少乳腺炎的发生。一旦发生乳腺炎，要及时就医。

科普小知识：患乳腺炎妈妈的饮食宜忌

患乳腺炎的妈妈可多吃一些清热散结的食物，比如黄花菜、芹菜、丝瓜、苦瓜、油菜、西红柿、莲藕、茭白、茼蒿、木耳、海带等。忌吃燥热、辛辣刺激的食物，如韭菜、辣椒、芥末、酒等。还要忌热性、油腻的食物，如肥肉、油条、麻花等油炸糕点。

（三）乳房肿胀疼痛的预防

新妈妈在分娩后的 36 天，乳房会逐渐开始充血、发胀，分泌大量乳汁。如果乳汁分泌过多，且没有及时排除掉，就会出现乳房胀痛。预防乳房胀痛的发生，需要做到以下几方面：

1. 从孕期开始预防　如果有乳腺增生的孕妈妈，需要在孕晚期进行乳腺的疏通。每天在洗澡的时候用梳法进行乳房按摩，按摩时避免乳房刺激，以免引起宫缩。

2. 产后不宜立即喝大补催乳汤　输乳管不畅通，易导致乳汁淤积，进而引发乳房胀痛。

3. 产后及时排乳　新妈妈在产后 1 周内，需要每隔 2 小时排 1 次乳。

4. 文胸松紧适宜　过松起不到托起乳房的效果，过紧会压迫到乳房，影响乳腺管的畅通。

五、产后心理康复

经历十月怀胎、生产的艰辛后，对于新生命的降生，宝妈妈们既满怀欣喜，又要迎接哺育新生命健康成长的挑战。这对于刚刚进入妈妈角色的新手们来说，无疑是重大的压力。为了能够使新手妈妈们能够更好地适应角色，顺利愉悦地进行产后康复。以下简要介绍产妇产后心理康复的技巧。

（一）产后影响准妈妈心理的因素

1. 生物环境因素　分娩后产妇的胎盘类固醇分泌突然减少，胎盘分泌的绒毛膜促性腺激素（HCG）、胎盘生乳素（HPL）、孕激素（P）、雌激素（E）的含量急剧下降，以及体内雌、孕激素的不平衡，都会对产妇的情绪产生一定的作用。

2. 生活环境因素　产后产妇生活环境的变化主要体现在两

方面：

（1）产妇自身生活环境的变化：产妇产后身体虚弱，需要大量时间进行恢复，其中包括自身身体上的伤口恢复、精神不济的调整休养，同时还需要适应哺乳期间的各种不适，这时的产妇需要时间、精力来照顾和适应自身生活状态，同时这一时期的产妇们都暂时停止了自己的职业工作，在职业工作中带给女性的成就价值感及掌控感在这一时期也就暂时消失了。

（2）增加了新的生活责任：产妇此时需要面对新生命哺育的艰巨任务，在照顾新生儿的过程中大部分产妇都是由手忙脚乱、筋疲力尽慢慢过渡到熟练应对的，在这一阶段绝大多数产妇较难寻找到成就感与认同感，常常会出现沮丧、失望、自责的情绪状态。

3. 个体个性特质　产妇自身的性格特点、成长经历、生活事件、职业状态等对其心理状态和情绪有着一定的影响，例如性格内敛、敏感的产妇比性格开朗、大大咧咧的产妇更容易出现情绪的波动变化，因为她们感知到的信息会更加丰富多样。所以产妇和家属们可以从产妇性格特点、是否正在经历（或经历过）生活的负性事件及周围群体给予产妇的支持程度做一个大致的预判。

（二）产后常见心理问题

1. 产后沮丧　产妇出现产后沮丧情绪在临床常见心理问题中占比为50%～70%，此种抑郁情绪的出现是短暂的，通常是在产后3～4天出现，产后5～14天是此种情绪出现的高峰期。产后沮丧表现的常见状态是情绪不稳定、易哭、情绪低落、感觉孤独、焦虑、疲劳、易忘、失眠等。这种情况往往会持续2～3周，产妇及其家人发现后通过积极调整会慢慢恢复至健康平稳状态。

2. 产后抑郁　产妇出现产后抑郁情绪在临床常见心理问题中占比为5%～25%，会在产妇生产后2周左右出现，持续时间从数周、数月到一年不等。产后抑郁表现的常见状态是易疲劳、易激惹、注意力不集中、失眠、乏力、对事物缺乏兴趣、社会退缩行为、自责、自罪、过度担心自己或婴儿受到伤害，甚至可能出现伤害婴儿或自我伤害的行为。产后抑郁情绪的持续出现，需要引起重视，在自身调整效果不明显的情况下，一定要积极地寻找专业人员的帮助。

产妇及家属们可以使用下面的症状描述清单作为参考。在产后14天左右如果出现下列 5 条或 5 条以上的症状，其中（1）（2）两条必须具备，症状持续出现 2 周及以上，且占据每天大部分时间，这时产妇自己及家人一定要寻求专业人员给予积极帮助。

（1）情绪抑郁；

（2）对全部或多数活动明显缺乏兴趣或愉悦；

（3）体重明显下降或增加；

（4）失眠或睡眠过度；

（5）精神运动性兴奋或阻滞；

（6）疲劳或乏力；

（7）遇事皆感毫无意义或自责感；

（8）思维力减退或注意力溃散；

（9）反复出现死亡想法，甚至有杀婴的倾向。

（三）应对问题的小技巧

负性情绪出现的时候并不可怕，可怕的是产妇深陷负性情绪中而无法自拔，这时宝妈妈们需要了解甚至掌握一些可以帮助自己应对这些负面情绪的技巧，以下和大家分享三个摆脱负性情绪缠身的途径。

1. 积极自我关注　产妇自身和家属都要从情绪、需要和价值三方面对产妇进行积极关注。情绪方面需要能够及时关注到负性情绪的出现，并对负性情绪做及时合理的疏解。产妇和家属可以采用本书前几篇内容中介绍到的各种方法（如冥想放松、音乐疗法、认知调整等）来进行疏解调整。

（1）产妇的需要方面：在产后产妇自身的身体状况较难承受新生儿的全部照顾工作，这时产妇不但需要家人们的情感支持，同时需要专业的新生儿养育的技术支持。因此，这一时期家人需要从产妇的情感关注及新生儿照顾两个方面给予积极的支持帮助，同时积极邀请专业人员给予技术指导，增强产妇照顾新生儿的能力。

（2）产妇的价值感方面：产后 4 个月至 1 年的时间里，产妇需要从手忙脚乱的状态成长为全能型的妈妈角色，在这个过程中会有很多挑战，每一个技能的熟练掌握都是值得被肯定的，也是成为全能妈妈的一个成就。所以这一事情产妇自己及家人应该更多一些肯定、欣赏和表扬（比如第一天还无法熟练地为新生儿换尿布，第二天就熟练很多了，这时就需要给宝妈妈们一个大大的表扬，这就是进步，这就是成长），要善于发现产妇、新手妈妈们的价值和进步。

2. 科学适当的运动　长时间地坐、卧并不利于产后恢复，对产妇的心理健康也没有帮助，这一时期科学恰当的运动反而可以促进产妇好心情的形成。如何运动才合适呢？这里向大家简单介绍一下：产后 6 周内做些腹式呼吸、冥想练习及适当的散步运动即可；产后 6 周以上可以考虑康复类型的一些运动，这部分的运动需要在专业人员的指导下进行系列的产后康复训练，这样可以避免身体出现损伤。

3. 合理规划有限时间　当孩子降生以后，宝妈妈们发现时间不由自己了，原本整段的时间被拆分成了碎片化的时间点，而生活任务的头绪却增加了；此时如果不调整时间的利用方法则会让新手妈妈们抓狂。因此，这个时期还有一个重要的技能需要宝妈妈们掌握，那就是合理规划有限时间的能力。可以将每天面临的生活任务进行轻重缓急的划分，将其大致分成四个象限：重要紧急、重要不紧急、紧急不重要、既不重要也不紧急。在时间有限的情况下优先应对重要紧急的生活任务，其次再处理重要不紧急的事情；如果还有时间和精力，再应对紧急但不重要的事情。为了确保新手妈妈的休息，可以放弃既不重要也不紧急的事情。

当然，合理规划使用碎片化时间的方法还有很多，新手妈妈和家人们也可以尝试探索适合自己家庭的方式。愿每一位宝妈妈都能健康、愉悦地体验养育的成就。

扫一扫，听音频：产后宝妈妈一定要关注，生活与康复一个也不能少

扫一扫，听音频：产后妈妈恢复，带走属于你的健康

辅助生殖技术

一、理念

1. 辅助生殖技术的重要性 生殖是人类生存延续的永恒主题，配子的正常发生、成熟、输送、结合、种植和生长是人类得以繁衍的物质基础。

2. 辅助生殖技术出现的背景 人类的许多生殖细胞适应生理过程发生程序性死亡，但这种程序性死亡过程由于近代环境污染等各种因素的相互作用正在加剧，数量在急剧增加，使生命之源的产生发生障碍，配子结合无能，生命之旅受阻，生殖活动被迫终止。为了延续生殖过程，在了解生殖过程的基础上，在其发生障碍时给予医学的帮助已势在必行，由此产生了一门新兴技术——辅助生育技术（assisted reproductive technology，ART）。此技术的出现立刻推动了人类生殖科技向更高、更深的层次发展，并超越了人类生殖本身的意义。

3. 辅助生殖概念 辅助生殖技术是运用医学技术和方法对精子、卵子、受精卵、胚胎进行人工操作，以达到受孕目的的技术。

4. 常用的辅助生育技术 目前常用的有人工授精（AI）、体外受精-胚胎移植（IVF-ET）及其衍生技术两大类。

（1）人工授精：根据精子来源，分为夫精人工授精（AIH）和供精人工授精技术（AID）；根据精液放置的位置，可以分为后穹窿、宫颈管内和宫腔内人工授精。由于 AID 实施中存在很多伦理问题，实施 AID 的医疗机构需要经过特殊审批；为了防止近亲婚配，每一位供精者的冷冻精液最多只能使 5 名妇女受孕。

（2）体外受精-胚胎移植及其衍生技术：此类技术包括从不孕妇女体内取出卵细胞，在体外与精子受精后培养至早期胚胎，然后移植回妇女的子宫，使其继续着床发育、生长成为胎儿的过程。

5. 体外受精-胚胎移植的主要步骤

（1）控制性超促排卵；

（2）取卵；

（3）体外受精；

（4）胚胎移植；

（5）黄体支持。

参见图 10-1。

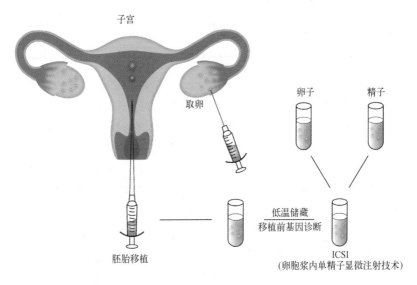

图 10-1　体外受精-胚胎移植

二、适用人群

女性怀孕是一个复杂的过程，首先是卵巢排出正常的卵子，正常的精子能进入女性体内，在输卵管壶腹部，精子和卵子结合，输卵管运输受精卵到子宫腔，受精卵着床，开始新生命的孕育。因此在各个过程出现异常均可导致不孕，可采取相适应的辅助生殖技术来达到受孕目的。不育症的病因及其比例概况见表 10-1。

表 10-1　不育症的病因及其比例概况

病因	百分比(%)
男性	25~40
男女双方	10
原因不明	10
女性病因	40~55
排卵异常	30~40
输卵管及腹膜	30~40
其他各种因素	10~15

1. 男性不育

（1）精液异常：①精子生成及功能异常：多种因素造成精子的生成和射精功能障碍，如先天性泌尿生殖器官缺陷、青春期发育异常、男性乳房女性化等均可导致男性性腺发育不良（睾丸发育不良、睾丸下降异常等）；②感染性疾病（流行性腮腺炎、性病、伤寒等导致睾丸炎）；③内分泌异常（肾上腺和甲状腺疾病、糖尿病、下丘脑-垂体-睾丸轴功能紊乱等）；④发热（超过 38.5℃ 的发热可能抑制精子发生达 6 个月）；⑤化学药物的影响（激素治疗、化疗等）；⑥创伤或手术（导致睾丸萎缩或抗精子抗体形成等）；⑦不良生活习惯（吸烟、酗酒、吸毒、桑拿等）；⑧职业因素（环境温度过高、长途汽车驾驶员）；⑨器质性病变（精索静脉曲张）。

（2）输精管梗阻：指从曲细精管至射精管的通道发生梗阻。如先天畸形（双侧输精管缺如或闭锁）、附睾炎症（结核、淋病等）、寄生虫病（血吸虫病、丝虫病等）、肿瘤及手术、外伤等。

（3）精液液化异常：精液液化依赖前列腺分泌的精液蛋白酶。精液液化异常，多由前列腺疾病造成，可使精子释放减少，影响受精。

（4）男性性功能障碍：阳痿、早泄、性交频率过低、不射精、逆行射精等均会影响生育。造成性功能障碍的原因包括器质性及精神心理疾病。

2. 女性不孕

（1）排卵障碍：无法排出能与精子结合的卵子，就会导致不孕不育。排卵障碍的原因很多，如年龄过大、体重过轻或者过重、长期接触有毒有害物质等都可能造成排卵障碍。影响排卵的重要因素还有体内激素水平。常见的排卵障碍有：①多囊卵巢综合征，约占比70%；②下丘脑性闭经，即低促性腺激素（Gn）性性腺功能减退，约占比10%；③高泌乳素血症，约占比10%；④卵巢早衰，即高促性腺激素性性腺功能低下，约占比10%；⑤肥胖，约占比20%。

（2）女性配子运输障碍：精子与卵子不能顺利地结合也是不孕不育的原因之一。

输卵管及其周围因素性不孕：输卵管具有运送精子、拾取卵子及把受精卵运送到子宫腔的重要作用，输卵管不通畅成为女性不孕的主要原因。各种原因导致双侧输卵管梗阻、切除、积水，或者是因为输卵管炎症后就丧失了蠕动、抓取卵子的功能，或是出现盆腔内粘连的女性均为辅助生殖技术适用者。输卵管性不育多由既往盆腔感染性疾病、盆腔及输卵管手术及多次流产手术引起。

宫颈因素不育：在自然结合过程中，精子必须进入宫颈，以宫颈黏液为媒介，才能活动并顺利进入子宫腔。一些宫颈疾病会导致宫颈黏液分泌量、酸碱度或浓稠度出现问题，使精子无法穿过宫颈，就会造成不孕不育。常见于宫颈的冷冻术、冷刀锥切术或LEEP术后。沙眼衣原体、奈瑟双球菌、解脲支原体、人型支原体等感染多认为对宫颈黏液的质量有影响。

子宫内膜异位症患者，通过常规药物或手术治疗仍未妊娠者：轻度子宫内膜异位症不孕患者，可促排卵以改善其临床妊娠率，由于卵巢刺激可能导致子宫内膜异位症病情的发展，因此促排卵治疗周期应控制在3～4个周期，若无效建议行辅助生殖技术治疗。对于中、重度子宫内膜异位症妇女IVF治疗前使用促性腺激素释放激素抑制剂（GnRHa）治疗3～6个月，可以改善妊娠成功率。对于子宫内膜异位症妇女，因输卵管因素、男性因素导致的不孕或经过其他方法治疗无效者，实行辅助生殖治疗。

3. 免疫性不孕与不明原因不孕 男女双方都会对精子发生免疫反应，产生抗精子抗体（antisperm antibody，AsAb）。不论自身免疫，还是同种异体免疫都可能会影响生育。在不育夫妇中ASA发生率为9%～12.8%，而在能生育的男、女中，发生率分别为2.5%、4%。

还有经过男女双方详细检查，仍不能发现不育原因者约占10%。原因不明的不育症是无法进行直接治疗的。如不育时间短、女方年龄较小可先行期待治疗。需治疗者，应考虑采用辅助生殖技术的方法。

三、技术分类

辅助生殖技术主要包括宫腔内人工授精（IUI）和体外受精-胚胎移植，后者包括常规体外受精-胚胎移植（IVF-ET）和卵胞浆内单精子显微注射（ICSI）技术。

（一）宫腔内人工授精

IUI是指临床通过排卵监测确定排卵后，将洗涤处理后的精子送入女方子宫腔内的技术。宫腔内人工投精必须在腹腔镜或子宫输卵管造影证实至少一侧输卵管通畅的情况下使用。

1. 夫精子人工授精的适应证　①男性因少精、弱精、液化异常、性功能障碍、生殖器畸形等不育；②宫颈因素不育；③生殖道畸形及心理因素导致性交不能等不育；④不明原因或免疫性不孕症。

2. 供精人工授精的适应证　①不可逆的无精子症，严重的少精症、弱精症和畸精症；②输精管复通失败；③射精障碍；④男方和（或）家族有不宜生育的严重遗传性疾病；⑤母儿血型不合不能得到存活新生儿。

（二）体外受精与胚胎移植

体外受精-胚胎移植是指从妇女卵巢内取出卵子，在体外与精子受精和胚胎的早期发育，培养 3～5 日，再将发育到卵裂期或囊胚阶段的胚胎移植到宫腔内，使其着床发育成胎儿的全过程，通常称为"试管婴儿"。主要用于解决女性不育问题：①女方各种因素导致的配子运输障碍；②排卵障碍；③子宫内膜异位症；④男方少、弱精子症；⑤不明原因的不育；⑥免疫性不孕；⑦卵巢功能衰竭。

（三）卵细胞浆内单精子显微注射

卵胞浆内单精子显微注射技术是在显微操作系统的帮助下将一个精子通过卵子透明带、卵膜，直接注射到卵子胞浆中，获得正常卵子受精和卵裂的过程。目前是严重少、弱、畸精症甚至无精症患者的主要治疗手段。适应证：①严重的少、弱、畸精症；②不可逆的梗阻性无精症；③生精功能障碍（排除遗传缺陷疾病所致）；④体外受精失败；⑤精子顶体异常；⑥需行植入前胚胎遗传学检查者。

（四）胚胎植入前遗传学诊断

在胚胎期进行细胞和分子遗传学检测，检出携带致病基因和异常核型的胚胎，将正常基因和核心的胚胎移植，得到健康后代。这一诊断技术主要用于单基因相关遗传病、染色体病、性连锁遗传病及可能生育异常患儿的高风险人群。

四、伦理道德

（一）外界的传统观念压力

人类辅助生殖技术主要是人工授精技术和体外受精技术。人工授精是一种用人工的方法使卵子受精的技术，包括同源人工授精（使用丈夫的精子进行的人工授精方式）和异源人工授精（使用婚外供者的精液进行人工授精）。生殖技术是对人类从受精到分娩这一自然生殖过程的人工干预，因而导致了种种非自然生殖的方式，成为各种医学伦理问题的根本来源。

人工辅助生殖技术是一种造福于人类的生殖技术，其伦理价值是值得充分肯定的。首先，人工辅助生殖技术为那些因男方患有性功能障碍等而无自然受精却又想生育孩子的家庭带来希望；其次，人工辅助生殖技术可以帮助夫妇都患有遗传病或者是某种致病基因携带者或者男方是遗传病患者的家庭获得健康的后代；第三，人工辅助生殖技术可以作为生育保险技术，为人类不可预测的未来多一重保障；第四，人工辅助生殖技术可实现优生优育。

然而，人工辅助生殖技术在推广与实施的过程中却遇到了一系列的伦理问题及阻力，例如，传统的"亲子观念"部分影响了人工辅助生殖技术的开展；而且在实施过程中遭到部分持传统贞操观念者的强烈谴责。

（二）人工辅助生殖技术自身的伦理问题

人工辅助生殖技术不仅仅遇到了来自外界封建伦理观念的阻力，而且自身还涉及一系列的伦理问题，对这些问题进行认真的伦理思考非常有必要。

首先，单身女性的人工辅助生殖问题对社会及他人的意义是值得怀疑的。这样的技术可以使单身女性同性恋者建立家庭，但这种"有母亲而没有父亲"的单亲、异常家庭，首先可能不利于后代生理的正常发育，更不用说同性恋者家庭用人工辅助生殖技术产生后代所引起的心理问题。况且，这种异常的家庭一旦增加，会促使传统的家庭解体，更加不利于社会的稳定和发展。因此，用人工辅助生殖技术虽然可以满足不结婚也能生育的愿望，但是却不利于后代的生理心理正常发育和社会的稳定发展，从整体上看是弊大于利的。

其次是精液商品化的问题，虽然精液商品化可以从根本上解决精液来源和精子库存不足的问题，但同时也存在一系列的问题：一些供者可能会因金钱而隐瞒自身的某些遗传缺陷或遗传病，结果就会把自身的遗传缺陷和遗传疾病通过人工辅助生殖技术传给无辜的后代。而且精液商品化很可能导致精液的质量下降，很大程度上降低了优生的效率。

再者，人工辅助生殖技术可能会引起血亲通婚的伦理悲剧，严重影响优生。

因此，要将人工辅助生殖技术理智地应用甚至普及并收到良好的成效，全社会需要共同的思考。人工辅助生殖技术在传统的伦理面前并非像某些人讲的那样一无是处，但前提是要遵守一定的原则：①保护受精者原则，即供精者与受精者保持互盲，医生与受精者保持互盲，医生为受精者保密；②保护后代的原则，即医生与后代保持互盲，受精者对后代保密；③血型相配原则，即 ABO 血型相配原则；④外貌相配原则，因为人类的血型和人类的外貌都具有遗传性，外貌相配原则会避免因为人工辅助生殖技术而产生的无谓的悲剧；⑤婚姻稳定原则，为了后代生理和心理的健康成长，对婚姻不稳定的家庭应拒绝提供人工辅助生殖技术。

精液的商品化引发的问题在一定程度上并非不可避免，精液提供者不是对人性的亵渎而是促成人类幸福的表现，而且可以在根本上解决精液来源不足的问题。限制供精者的供精次数，限制同一供精者精液的使用次数，同一供精者的精液尽量在地域上分开使用。

总之，人工辅助生殖技术在某些方面已经为人类展开了美好的前景，已经引起人类的高度重视。巨大的力量意味着巨大的责任，人类对人工辅助生殖技术的关注绝不只是"杞人忧天"，在本质上可以为人类造福，应当为人类所掌握。但是它的确也是一种对人类具有潜在危险性的技术。因此，对其进行一些有必要的伦理制约，进行慎重的选择使用，使其朝着有利于人类的方向发展是非常有必要的，而且需要我们优先进行考虑和行动起来。

五、并发症的防治策略

（一）卵巢过度刺激综合征

1. 定义　卵巢过度刺激综合征（ovarian hyperstimulation syndrome，OHSS）是继发于促排卵或超促排卵周期的一种严重的医源性疾病。临床表现为卵巢有过多卵泡发育，导致患者血液浓缩，血浆外渗，出现胸腔积液、腹水、尿量减少、肝肾功能异常，严重者可危及生命。与患者所用超排卵药物的种类、剂量、治疗方案、是否妊娠及患者的内分泌状态等因素有关。中度 OHSS 发生率为3%~6%，重度 OHSS 发生率为 0.1%~2.0%。

2. 发病的高危因素

（1）年轻、低身体质量指数（BMI）的患者。

（2）卵巢多囊改变或患有多囊卵巢综合征的患者。

（3）以前曾有 OHSS 病史者。

（4）使用 HCG 诱导排卵及黄体支持。

（5）雌二醇大于 4000pg/mL，卵泡数>20 个时。

3. 防治策略　鉴于 OHSS 病因不清，没有根本的治疗方法，预防 OHSS 的发生或减轻 OHSS 的程度是治疗的关键。可通过以下几个水平预防 OHSS 的发生。

（1）限制 HCG 的浓度和剂量：通过调整促排卵方案减少对卵巢的刺激，如对卵巢高反应患者使用 GnRH 拮抗剂方案或温和刺激方案，降低促排卵 Gn 用量和 HCG 剂量，冷冻所有的胚胎，使用孕激素代替 HCG 支持黄体，以及单个囊胚移植，减少多胎等减少OHSS。

（2）诱导黄体溶解：在不损害子宫内膜和卵子质量的前提下，寻找诱导黄体溶解的方法，包括滑行疗法（coasting）、应用 Gn-RH-a 替代 HCG 诱发排卵和早期单侧卵泡穿刺（early unilateral ovarian follicular aspiration，EU-FA）。近年来，有研究使用多巴胺激动剂卡麦角林（cabergoline）预防 OHSS 的报道。值得注意的是，上述方法仅能够降低高危病 OHSS 发生的概率，而不能完全阻止OHSS。

（3）轻度的 OHSS，在门诊随访治疗：限制每天摄入的液体量不超过 1L，建议摄入矿物质液体；每天监测体重、腹围和液体出入量，如体重一天增加≥1000g 或尿量明显减少，需及时就诊；轻微活动，避免长时间卧床休息，以免发生血栓；对于妊娠合并 OHSS 的患者需加强监控，特别是血清 HCG 浓度迅速上升的患者。

（4）出现下述症状和体征的重度 OHSS 患者，需住院治疗：恶心、呕吐、腹痛、不能进食、少尿、无尿、呼吸困难、张力性腹水、低血压。

实验室指标：血液浓缩（血细胞比容≥45%），外周血白细胞计数>15×10^9/L，血肌酐>1.2mg/dL，肌酐清除率<50mL/min，肝脏酶异常，严重的电解质紊乱（血清钠浓度<135mmol/L、血清钾浓度>5mmol/L）。

根据患者的病情，每 2~8 小时需测定生命体征、体重、腹围和液体的出入量。每日测定白细胞计数、血红蛋白浓度、血细胞比容、电解质、尿液比重。超声定期检查腹水和卵巢的大小，呼吸困难者需测定血氧分压，根据病情需要定期检查肝肾功能。

液体处理：重度 OHSS 患者入院时常处于低容量状态，可以给予 5% 的葡萄糖生理盐水 500～1000mL，以保持患者尿量 > 20～30mL/h，以及缓解血液浓缩。若上述治疗效果不佳，可考虑使用白蛋白治疗，20% 的白蛋白 200mL 缓慢静滴 4 小时，视病情需要可间隔 4～12 小时重复进行。应慎重使用右旋糖酐，因可能导致成人呼吸窘迫综合征（ARDS），血液浓缩纠正后（血细胞比容<38%）方可使用利尿剂，频繁使用利尿剂容易导致血液浓缩引起血栓形成。通过治疗症状有所改善，患者有排尿，可以进食，可给予少量静脉补液或可停止补液。

（5）腹水处理：当患者出现腹水导致的严重不适或疼痛、肺功能受损（呼吸困难、低氧分压、胸腔积液）、肾功能受损（持续性少尿、无尿、血肌酐浓度升高、肌酐清除率下降）时，需考虑超声引导下进行胸腔穿刺或腹腔穿刺放液。

（6）重度 OHSS 患者处于血液高凝状态。预防性给予肝素 5000IU 皮下注射，每日 2 次，鼓励患者间歇性翻身、按摩双下肢及适当活动，如发现血栓形成的症状和体征，应及时会诊甚至转科。

（二）多胎妊娠

辅助生育技术的应用增加了多胎妊娠的概率，而多胎妊娠增加母儿的妊娠风险。与多胎妊娠相关的母儿并发症包括早产、小于胎龄儿、脑瘫及其他出生缺陷，以及围产儿死亡率等均较单胎明显增加；同时妊娠期孕产妇并发症的发生概率增加，包括胎膜早破、子痫前期、妊娠期糖尿病、妊娠期贫血、产后出血，甚至相当少见的妊娠期脂肪肝的发生率均增加。

多胎妊娠与移植胚胎的数量及质量有关。IVF-ET 中通常移植 2～3 个胚胎，双胎发生率为 25%，三胎发生率为 5%。为了降低多胎妊娠的发生率，美国生殖医学协会（ASRM）制定了相关指南以降低三胎及以上多胎妊娠的发生率。此外，对于特定目标人群，通过选择性单胚胎移植方法使多胎出生率降至 2%，虽然新鲜胚胎移植周期中单胚胎移植较多胚胎移植的胎儿出生率低，但两种方法的累积胎儿出生率无显著性差异。

ASRM 推荐单胚胎移植使用的目标人群：年龄<35 岁，超过一个优质胚胎可供移植，第 1 次或第 2 次 IVF 周期，捐赠卵子胚胎移植。一旦发生多胎妊娠，可以通过多胎妊娠减胎术保留 1~2 个胚胎。

多胎妊娠减胎术（multifetal pregnancy reduction）是经阴道超声引导下减胎术，通常在妊娠 6~8 周进行，具体操作方法：患者排空膀胱，取截石位，碘伏消毒外阴、阴道。在阴道 B 超探头外罩无菌橡胶套，安置穿刺架。探测子宫及各妊娠胎儿的位置及相互关系，选择拟穿刺的部位。使用穿刺针，在阴道 B 超引导下，由阴道穹隆部进针，经宫壁穿刺所要减灭的胚囊和胚胎。以穿刺针穿刺胚体，加 15kPa 负压，持续 1~2 分钟，或用穿刺针在无负压下于胚体内来回穿刺，如此反复以造成对胚胎的机械破坏直至胎心消失；或采用抽吸负压的方法，即先加负压 40kPa，当证实穿刺针已经进入胚胎内，在短时间进一步加负压至 70~80kPa，可见胚胎突然消失，妊娠囊略缩小，此时应立即撤除负压，避免吸出囊液。检查见穿刺针塑料导管内有吸出物，并见有白色组织样物混于其中，提示胚芽已被吸出。术前可酌情使用抗生素、镇静剂或黄体酮。对于孕周较大无法通过上述方法减胎的，可以考虑向胎儿心脏搏动区注射氯化钾，具体方法：在阴道超声引导下，由阴道穹隆部进针至要减灭的胚囊和胚胎心脏搏动区，推注 10%氯化钾 1~2mL，注射后观察胎心减慢至停跳 2~5 分钟，胎心搏动未恢复即拔针。所注射氯化钾的剂量应根据胎龄大小做调整，减胎术后 24 小时及 1 周各行一次超声检查，观察被减灭和保留的胎儿情况。

（三）损伤和出血

取卵穿刺时可能损伤邻近器官或血管。阴道出血的发生率为 1.4%~18.4%，多数情况不严重，经压迫或钳夹均能止血；经上述处理无效者，需缝合止血。腹腔内或后腹膜出血的发生率为

0.0%~1.3%，其临床表现为下腹痛、恶心、呕吐、内出血；出血较多时可出现休克症状。

(四) 感染

感染的发生率为0.2%~0.5%，接受 IVF 治疗的患者其生殖道或盆腔可能本来就存在慢性炎症，阴道穿刺取卵或胚胎移植手术操作使重复感染的危险性升高。盆腔炎症状可在穿刺取卵后数小时至1周内出现，表现为发热、持续性下腹痛、血白细胞上升。卵巢脓肿是较严重的并发症，其发病的潜伏期较长，可从4天到56天不等，因感染起初症状不典型，与取卵后患者多有卵巢较大、下腹不适感无法区分，较易误诊而延误治疗。

扫一扫，听音频：产后宝妈妈一定要关注，监测排卵常用方法

主要参考文献

1. 吴虹桥. 准妈妈备孕为何要吃叶酸［J］. 家庭医学，2022（1）：63.

2. 郭慧宁，胡国华，叶茜，等. 备孕女性偏颇体质的中医调理［J］. 成都中医药大学学报，2013，36（1）：110-112.

3. 中国临床合理补充叶酸多学科专家共识［J］. 中国医学前沿杂志（电子版），2020，12（11）：19-37.

4. 鉴东. 正在备孕的你，叶酸补对了吗［J］. 中国生殖健康，2019（12）：38-39.

5. 苏新全. 中国孩子中医养［M］. 北京：中国中医药出版社，2019.

6. 潘丽，陈小平，谢波，等. 针药联合治疗对高龄肾虚型备孕妇女的影响［J］. 广州中医药大学学报，2021，38（1）：67-73.

7. 时耳. 中医备孕四法［J］. 中国生殖健康，2017（4）：36.

8. 谢幸，孔北华，段涛. 妇产科学［M］. 9 版. 北京：人民卫生出版社，2018.

9. 中华医学会妇产科学分会产科学组. 孕前和孕期保健指南（2018）［J］. 中华妇产科杂志，2018，53（1）：7-13.

10. 季兰芳. 营养与膳食［M］. 4 版. 北京：人民卫生出版社，2019.

11. 周芸. 临床营养学［M］. 4 版. 北京：人民卫生出版社，2017.

12. 葛可佑. 中国营养师［M］. 北京：人民卫生出版社，2009.

13. 葛可佑. 公共营养师［M］. 北京：人民卫生出版社，2007.

14. 谢幸，孔北华，段涛. 妇产科学［M］. 9 版. 北京：人民卫生出版社，2018.

15. 中国营养学会. 中国居民膳食指南［M］. 北京：人民卫生出版社，2022.

16. 中国营养学会. 孕期妇女膳食指南［J］. 中国围产医学杂志，2016，19（9）：641-648.

17. 曾果.中国营养学会"孕期妇女膳食指南2016"解读［J］.实用妇产科杂志，2018，34（4）：265-267.

18. 汪之顼，赖建强，毛丽梅，等.中国产褥期（月子）妇女膳食建议［J］.营养学报，2020，42（1）：3-6.

19. 崔焱，仰曙芬.儿科护理学［M］.6版.北京：人民卫生出版社，2017.

20. 庞超转.袋鼠式护理对新生儿睡眠及行为发育的影响［J］.罕少疾病杂志，2021，28（1）：70-71.

21. 孙廖娜.鸟巢式护理对新生儿睡眠质量及生长发育的影响［J］.世界睡眠医学杂志，2022（4）：689-692.

22. 吴浩.新生儿抚触护理对新生儿生长发育的作用［J］.中国医药指南，2021，19（12）：185-186.

23. 王慧文.抚触在新生儿喂养不耐受护理中的应用效果研究［J］.基层医学论坛，2020，27（24）：3896-3897.

24. 王丹华.对Apgar评分的再认识［J］.中华围产医学杂志，2021，24（3）：165-168.

25. 万兴丽，李霞，胡艳玲，等.重症监护病房新生儿皮肤管理指南（2021）［J］.中国当代儿科杂志，2021（7）：659-670.

26. 鲍秀兰.0~3岁儿童早期发展指导——育儿宝典［J］.幼儿教育研究，2019（1）：63.

27. 方峰.儿童疫苗接种常见不良反应及处理［J］.中国实用儿科杂志，中国实用儿科杂志，2016，31（5）：336-340.

28. 黄小娜，张悦，冯围围，等.儿童心理行为发育问题预警征象筛查表的信度效度评估［J］.中华儿科杂志，2017，55（6）：445-450。

29. 金曦，王惠珊，张悦.高危儿童保健指导手册［M］.北京：人民卫生出版社，2020.

30. 刘卓娅，郭玉琴，宋娟娟，等.婴幼儿入睡方式及其对睡眠质量的影响［J］.中国当代儿科杂志，2022（3）：297-302.

31. 李琳琳.试论宝宝添加辅食的要点［J］.临床医药文献电子杂

志，2022，7（22）：190.

32. 黎海芪.实用儿童保健学［M］.北京：人民卫生出版社，2016.

33. 毛萌.0—5 岁儿童健康指导手册（妇幼健康知识科普丛书）［M］.北京：人民卫生出版社，2022.

34. 沈丽萍.母乳喂养持续时间和辅食添加时间与 3~5 岁儿童体成分的关系研究［D］.北京：中国疾病预防控制中心，2021.

35. 徐继红，马旭.育龄妇女孕前心理压力状况及相关因素分析［J］.中国计划生育学杂志，2014，22（8）：508-513.

36. 刘冰，王红梅，余雨滋，等.广泛性焦虑障碍心理治疗研究进展［J］.全科护理，2021，19（19）：2612-2615.

37. 章稼，王于领.运动治疗技术［M］.北京：人民卫生出版社，2020.

38. 吴明霞.抛开不安，做幸福的母亲［M］.重庆：重庆大学出版社，2015.

39. 帕梅拉·S.维加茨，凯文·L.捷尔科.战胜孕期及产后焦虑［M］.北京：中国人民大学出版社，2020.

40. 罗伯特·费尔德曼.发展心理学——人的毕生发展［M］.北京：世界图书出版公司，2013.

41. 何燕玲，李黎.孕产妇心理保健自助手册［M］.上海：上海科学技术出版社，2021.

42. 卡伦 R.克莱曼，瓦莱里娅·大卫·拉斯金.产后抑郁不可怕［M］.北京：机械工业出版社，2014.

43. 史宝欣.护理心理学［M］.北京：人民卫生出版社，2013.

44. 戴钟英，蒋式时.重视妊娠和产褥期精神疾病的诊治和研究工作［J］.中华妇产科杂志，2003，38（12）：721-723.

45. 金莉，方美丽，娄凤兰.初产妇及其配偶心理健康水平和相关性分析［J］.护理学杂志（外科版），2008，23（8）：35-36.

46. 茅清，陈伟芳，苏小茵，等.初产妇配偶抑郁状况与压力、社会支持的相关性研究［J］.中国行为医学科学，2007，16（7）：606-607.

47. 何明娇，徐玉苑，李耘，等.产后抑郁症相关因素分析［J］.暨南大学学报（医学版），2002，23（6）：87-89.

48. 周林刚，冯建华.社会支持理论——一个文献的回顾［J］.广西师范学院学报（哲学社会科学版），2005，26（3）：11-14.

49. 李玉红.产褥期产妇及其配偶的抑郁现状调查研究［D］.合肥：安徽医科大学，2009.

50. 刘烨.产妇焦虑情绪缓解的个案工作介入研究［D］.大连：大连海事大学，2020.

51. 赵梨媛.产褥期女性的疲乏现状及其相关因素研究［D］.南昌：南昌大学，2017.